화물운송종사 자격시험 3일만에 끝내기

[핵심이론 + 핵심문제 + 실전모의고사]

교통자격시험연구회

8절 확대판

예문사

머리말

　많은 자격시험들이 그렇듯 화물운송종사자격시험 역시 '**문제은행식**'으로 출제됩니다. 다시 말해 출제되는 문제들은 이미 정해져 있고 각 시험 때마다 이 문제들 중에서 추려지게 되는 것입니다. 때문에 용어나 이론에 대한 기본적인 정리 후에는 그동안 출제되었던 문제들을 충분히 공부하는 것이 시험의 당락을 결정짓게 됩니다.

　이 책은 바로 이러한 점에 착안하여 문제은행에 있는 모든 문제들을 가장 효과적으로 공부할 수 있도록 기획되었습니다. 사실 기존의 시험 대비 문제집들은 이론을 바탕으로 한 예상문제들에 치중되어 있어 학습한 것들이 실전에서 잘 발휘되지 않는 아쉬움이 있었습니다. 더욱이 문제에 대한 해설 역시 지나치게 이론적이고 방만하여 짧은 시간에 정말 필요한 내용만 공부하는 데는 부족한 면이 없지 않았습니다.

　따라서 책을 기획하면서 이러한 문제점과 아쉬움을 극복하고 무엇보다 '**단번에 시험합격**'이라는 목적을 분명히 하고 이에 최적화된 내용 구성과 편집 형태를 모색하였습니다. 따라서 지루한 서술식의 이론 설명은 과감히 발라내고 용어와 중요 이론에 대한 최대한의 요약 정리, 문제에서 즉시 정답을 풀어낼 수 있는 풀이 위주로 정리하여 문제를 읽으면서 바로 정답풀이에 접근할 수 있도록 하였습니다.

　화물운송종사자격시험은 공학이론 및 법규, 서비스 분야 등등 다양한 지식을 요구하므로 무엇보다 효과적인 접근이 필요합니다. 먼저 핵심 이론으로 간단하게 내용을 정리하고 이어지는 문제풀이를 공부하면 필요한 내용만 기억하면서 풀이의 노하우를 습득할 수 있을 것입니다.

　시험을 준비하는 모든 분들의 도전에 응원을 보내며, 이 책이 그 도전의 과정에서 요긴한 도움이 되어 시간과 노력의 낭비 없이 원하는 자격시험 합격에 이를 수 있기를 기원합니다.

교통자격시험연구회

자격증 소개 및 취득방법

화물운송종사 자격시험이란?
화물자동차 운전자의 전문성 확보를 통해 운송서비스 개선, 안전운행 및 화물운송업의 건전한 육성을 도모하기 위해 '04.7.21부터 교통안전공단이 국토교통부로부터 사업을 위탁받아 화물운송종사 자격시험을 시행. 화물운송 자격시험 제도를 도입하여 화물종사자의 자질을 향상시키고 과실로 인한 교통사고를 최소화시키기 위함

자격요건 확인

❶ 제1종 운전면허 또는 제2종 보통면허 소지자
❷ 만 20세 이상
❸ 운전경력[1]

자가용	2년 이상(운전면허 취득기간부터)
사업용	1년 이상(버스, 택시 운전경력)

❹ 운전적성정밀검사 규정에 따른 신규검사 기준에 적합한 사람[2]
❺ 화물자동차운수사업법 제9조의 결격사유에 해당되지 않는 사람

1) 운전면허 보유기간 기준이며, 취소·정지기간 제외
2) 시험일 기준
* 5가지 모두 해당되어야 함

운전적성 정밀검사

❶ 전국 교통안전공단 15개에서 시행
❷ 날짜와 장소 예약 후 방문하여 검사
❸ 예약방법 1) 전화 : 1577-0990
　　　　　　2) 인터넷 : 교통안전공단 → 사업소개 → 운전적성정밀검사
❹ 유효기간 : 3년
　　1) 신규검사를 받고 3년 미경과자는 기존의 검사결과 사용 가능
　　2) 신규검사를 받은 후 3년 운전적성정밀 신규검사를 다시 받고 인터넷 원서접수 실시
❺ 준비물 : 수수료 25,000원, 운전면허증, 안경(필요시)

시험접수

컴퓨터 시험(CBT) (공휴일·토요일 제외)
① 인터넷 접수 : http://lic.kotsa.or.kr/fre[사진은 그림파일(jpg)로 스캔하여 등록]
② 방문접수 : 전국 15개 시험장, 현장 방문접수 시 응시인원 충족 등으로 당일 시험 응시가 불가능할 수 있음

* 시험응시 수수료 : 11,500원
* 준비물 : 운전면허증, 6개월 이내 촬영한 3.5×4.5cm 컬러사진(미제출자에 한함)

시험응시

시험등록	시험시간	상시CBT 필기시험일(토요일, 공휴일 제외)	
		서울 구로, 수원, 대전, 대구, 부산, 광주, 인천, 춘천, 청주, 전주, 창원, 울산) 전용 CBT 상설 시험장	서울 노원, 상주, 제주(3개 지역) 정밀검사장 활용 CBT 시험장
시작 20분 전	80분	매일 4회 오전 2회, 오후 2회	매주 화요일, 목요일 오후 각 2회

* 시험시작 전까지 입실 완료

합격자 발표

❶ 시험 종료 후 시험 시행 장소에서 합격자 발표
❷ 합격자 : 총점의 60% 이상(총 80문항 중 48문항 이상)을 얻은 사람

합격자 교육

❶ 교육대상 : 화물운송종사자격 필기시험 합격자
❷ 교육시간 : 1일 8시간(09:00 ~ 18:00)
❸ 준비물 : 운전면허증 원본, 사진 1매(사진 미제출자에 한함), 화물운송종사 자격증 발급 신청서(서명 필요), 필기도구, 합격자 교육 및 자격증 발급 수수료 21,500원(교육 11,500원 + 자격증 발급 10,000원)
❹ 합격자 발표 시 개별통보(평일교육) 및 공단 홈페이지 공지

* 예문사 홈페이지에서 OMR 카드를 다운받으실 수 있습니다.
* 시험일정 및 관련사항은 추후 변동될 수 있으니 시험 직전 확인해 보시기 바랍니다.

목차

과목별 핵심이론 및 핵심문제

01 교통 및 화물자동차 운수사업 관련 법규 ·· 9
02 화물 취급 요령 ································ 35
03 안전운행 ······································· 52
04 운송서비스 ····································· 78

실전모의고사

01 실전모의고사 1회 ························· 94
02 실전모의고사 2회 ························· 112
03 실전모의고사 3회 ························· 129
04 실전모의고사 4회 ························· 146
05 실전모의고사 5회 ························· 163

MEMO

화물운송종사자격시험 3일만에 끝내기
핵심이론 + 핵심문제 + 실전모의고사

PART
01

과목별 핵심이론 및 핵심문제

01 교통 및 화물자동차 운수사업 관련 법규
02 화물 취급 요령
03 안전운행
04 운송서비스

교통 및 화물자동차 운수사업 관련 법규

핵심이론

01 안전지대
도로를 횡단하는 보행자나 통행하는 차마의 안전을 위하여 안전표지나 이와 비슷한 인공구조물로 표시한 도로의 부분

02 차로
차마가 한 줄로 도로의 정하여진 부분을 통행하도록 차선(車線)으로 구분한 차도의 부분

03 자동차전용도로
자동차만 다닐 수 있도록 설치된 도로

04 도로교통법상 도로
- 도로법에 따른 도로
- 유료도로법에 따른 유료도로
- 농어촌도로 정비법에 따른 농어촌도로
- 그 밖에 현실적으로 불특정 다수의 사람 또는 차마가 통행할 수 있도록 공개된 장소로서 안전하고 원활한 교통을 확보할 필요가 있는 장소

05 건설기계관리법상의 자동차
덤프트럭, 아스팔트살포기, 노상안정기, 콘크리트믹서트럭, 콘크리트펌프, 천공기(트럭적재식) 등

06 안전표지
주의표지, 규제표지, 지시표지, 보조표지, 노면표시로 구분

07 서행표지
도로교통의 안전을 위하여 각종 제한·금지 등의 규제를 하는 경우에 이를 도로사용자에게 알리는 표지인 규제표지에 해당

08 자동차 전용도로에서의 속도
최고속도는 매시 90킬로미터, 최저속도는 매시 30킬로미터

09 최고속도의 100분의 50을 줄인 속도로 운행하여야 하는 경우
- 폭우·폭설·안개 등으로 가시거리가 100미터 이내인 경우
- 노면이 얼어 붙은 경우
- 눈이 20밀리미터 이상 쌓인 경우

10 최고속도의 100분의 20을 줄인 속도로 운행하여야 하는 경우
- 비가 내려 노면의 젖어있는 경우
- 눈이 20밀리미터 미만 쌓인 경우

11 서행하여야 할 장소
- 교통정리를 하고 있지 아니하는 교차로
- 도로가 구부러진 부근
- 비탈길의 고갯마루 부근
- 가파른 비탈길의 내리막
- 지방경찰청장이 도로에서의 위험을 방지하고 교통의 안전과 원활한 소통을 확보하기 위하여 필요하다고 인정하여 안전표지로 지정한 곳

12 일시정지
반드시 차가 멈추어야 하되, 얼마간의 시간 동안 정지상태를 유지해야 하는 교통상황의 의미(정지상황의 일시적 전개)

13 교차로에서 우회전 또는 좌회전을 하기 위한 신호방법
- 수신호
- 방향지시기
- 등화

14 제1종 보통면허로 운전할 수 있는 차의 종류
- 승용자동차
- 승차정원 15인 이하의 승합자동차
- 적재중량 12톤 미만의 화물자동차
- 건설기계(도로를 운행하는 3톤 미만의 지게차에 한정)
- 총중량 10톤 미만의 특수자동차(구난차 등은 제외)
- 원동기장치자전거

15 제2종 보통면허로 운전할 수 있는 차의 종류
- 승용자동차
- 승차정원 10명 이하의 승합자동차
- 적재중량 4톤 이하의 화물자동차
- 총중량 3.5톤 이하의 특수자동차(구난차 등은 제외)
- 원동기장치자전거

16 중상사고
3주 이상의 치료를 요하는 의사의 진단이 있는 사고

17 4톤 초과 화물자동차의 속도위반에 따른 범칙금
- 60km/h 초과 속도위반 시 13만 원
- 40km/h 초과 60km/h 이하 속도위반 시 10만 원

18 교통사고처리특례법 적용 배제 사유
- 신호 · 지시 위반사고
- 중앙선 침범, 고속도로나 자동차전용도로에서의 횡단 · 유턴 또는 후진 위반사고
- 속도위반(20km/h) 과속사고
- 앞지르기의 방법 · 금지시기 · 금지장소 또는 끼어들기 금지 위반사고
- 철길건널목 통과방법 위반사고
- 보행자보호의무 위반사고
- 무면허운전 사고
- 주취운전 · 약물복용운전 사고
- 보도침범 · 보도횡단방법 위반사고
- 승객추락방지의무 위반사고
- 어린이 보호구역 내 안전운전의무 위반으로 어린이의 신체를 상해에 이르게 한 사고
- 자동차의 화물이 떨어지지 아니하도록 필요한 조치를 하지 아니하고 운전한 경우

19 앞지르기의 금지장소
교차로, 터널 안, 다리 위, 도로의 구부러진 곳, 비탈길의 고갯마루 부근 또는 가파른 비탈길의 내리막 등 지방경찰청장이 도로에서의 위험을 방지하고 교통의 안전과 원활한 소통을 확보하기 위하여 필요하다고 인정하는 곳으로서 안전표지로 지정한 곳

20 화물자동차 운수사업
- 화물자동차 운송사업
- 화물자동차 운송주선사업
- 화물자동차 운송가맹사업

21 운수종사자
화물자동차의 운전자, 화물의 운송 또는 운송주선에 관한 사무를 취급하는 사무원 및 이를 보조하는 보조원, 그 밖에 화물자동차 운수사업에 종사하는 자

22 화물자동차 공영차고지 설치자
- 특별시장 · 광역시장 · 특별자치시장 · 도지사 · 특별자치도지사
- 시장 · 군수 · 구청장(자치구의 구청장)
- 공공기관의 운영에 관한 법률에 따른 공공기관
- 지방공기업법에 따른 지방공사

23 화물자동차 운송주선사업
다른 사람의 요구에 응하여 유상으로 화물운송계약을 중개 · 대리하거나 화물자동차 운송사업 또는 화물자동차 운송가맹사업을 경영하는 자의 화물 운송수단을 이용하여 자기 명의와 계산으로 화물을 운송하는 사업

24 화물자동차의 분류
- 밴형 : 지붕구조의 덮개가 있는 화물운송용인 화물자동차
- 일반형 : 보통의 화물운송용인 것
- 덤프형 : 적재함을 원동기의 힘으로 기울여 적재물을 중력에 의하여 쉽게 미끄러뜨리는 구조의 화물운송용인 것
- 특수용도형 : 특정한 용도를 위하여 특수한 구조로 하거나 기구를 장치한 것으로서 위 어느 형에도 속하지 아니하는 화물운송용인 것

25 화물자동차 운송가맹점
화물자동차 운송가맹사업자의 운송가맹점으로 가입한 자로서 다음의 어느 하나에 해당하는 자
- 운송가맹사업자의 화물정보망을 이용하여 운송 화물을 배정받아 화물을 운송하는 운송사업자
- 운송가맹사업자의 화물운송계약을 중개 · 대리하는 운송주선사업자
- 운송가맹사업자의 화물정보망을 이용하여 운송 화물을 배정받아 화물을 운송하는 자로서 화물자동차 운송사업의 경영의 일부를 위탁받은 사람(경영의 일부를 위탁한 운송사업자가 화물자동차 운송가맹점으로 가입한 경우 제외)

26 운임 및 요금의 신고 시 첨부 자료
- 원가계산서(행정기관에 등록한 원가계산기관 또는 공인회계사가 작성한 것)
- 운임 · 요금표
- 운임 및 요금의 신 · 구대비표(변경신고인 경우만 해당)

27 적재물배상 책임보험 등의 가입 범위
- 운송사업자 : 각 화물자동차별로 가입
- 운송주선사업자 : 각 사업자별로 가입
- 운송가맹업자 : 최대 적재량이 5톤 이상이거나 총중량이 10톤 이상인 화물자동차 중 일반형 · 밴형 및 특수용도형 화물자동차와 견인형 특수자동차를 소유한 자는 각 화물자동차별 및 각 사업자별로, 그 외의 자는 각 사업자별로 가입

28 책임보험계약 등의 해제 사유
- 화물자동차 운송사업의 허가사항이 변경(감차만을 말한다)된 경우
- 화물자동차 운송사업을 휴업하거나 폐업한 경우
- 화물자동차 운송사업의 허가가 취소되거나 감차 조치 명령을 받은 경우
- 화물자동차 운송주선사업의 허가가 취소된 경우
- 화물자동차 운송가맹사업의 허가사항이 변경(감차만을 말한다)된 경우
- 화물자동차 운송가맹사업의 허가가 취소되거나 감차 조치 명령을 받은 경우
- 적재물배상보험 등에 이중으로 가입되어 하나의 책임보험계약 등을 해제하거나 해지하려는 경우
- 보험회사 등이 파산 등의 사유로 영업을 계속할 수 없는 경우
- 그 밖에 위에 준하는 경우로서 대통령령으로 정하는 경우

29 과징금의 용도
- 화물터미널의 건설과 확충
- 공동차고지(사업자단체, 운송사업자 또는 운송가맹사업자가 운송사업자 또는 운송가맹사업자에게 공동으로 제공하기 위하여 설치하거나 임차한 차고지)의 건설과 확충
- 경영개선이나 그 밖에 화물에 대한 정보 제공사업 등 화물자동차 운수사업의 발전을 위하여 필요한 사업
- 화물자동차 운수사업법 제60조의2 제1항에 따른 신고포상금의 지급

30
화물자동차 운송가맹사업을 경영하려는 자는 국토교통부령으로 정하는 바에 따라 국토교통부장관의 허가를 받아야 한다.

31 특별검사 대상자
교통사고를 일으켜 사람을 사망하게 하거나 5주 이상의 치료가 필요한 상해를 입힌 사람, 과거 1년간 도로교통법 시행규칙에 따른 운전면허행정처분기준에 따라 산출된 누산점수가 81점 이상인 사람

32 화물운송종사자격시험 합격자의 법정교육
화물운송종사자격시험에 합격한 사람은 8시간 동안 화물자동차 운수사업법령 및 도로관계법령, 교통안전에 관한 사항, 화물취급요령에 관한 사항, 자동차 응급처치방법, 운송서비스에 관한 사항에 대하여 교육을 받아야 함

33 화물자동차 운수사업법상 협회의 사업
- 화물자동차 운수사업의 건전한 발전과 운수사업자의 공동이익을 도모하는 사업
- 화물자동차 운수사업의 진흥 및 발전에 필요한 통계의 작성 및 관리, 외국 자료의 수집·조사 및 연구사업
- 경영자와 운수종사자의 교육훈련
- 화물자동차 운수사업의 경영개선을 위한 지도
- 이 법에서 협회의 업무로 정한 사항
- 국가나 지방자치단체로부터 위탁받은 업무
- 제49조 제1호부터 제5호까지의 사업에 따르는 업무

34 차령기산일
- 제작연도에 등록된 자동차는 최초의 신규등록일
- 제작연도에 등록되지 아니한 자동차는 제작연도의 말일

35 승합자동차의 구분
- 내부의 특수한 설비로 인하여 승차인원이 10인 이하로 된 자동차
- 국토교통부령으로 정하는 경형자동차로서 승차정원이 10인 이하인 전방조종자동차

36 자동차등록원부에 등록하지 않은 상태에서 자동차를 운행할 수 있는 경우
임시운행허가를 받아 허가기간 내에 운행하는 경우

37
등록된 자동차를 양수받는 자는 대통령령으로 정하는 바에 따라 시·도지사에게 자동차 소유권의 이전등록을 신청

38 자동차의 튜닝 신청서류
- 자동차등록증
- 튜닝 승인서
- 튜닝 전후의 주요제원대비표
- 튜닝 전후의 자동차외관도(외관의 변경이 있는 경우에 한한다)
- 튜닝하고자 하는 구조·장치의 설계도

39 자동차 튜닝 시 승인기관
한국교통안전공단

40 자동차검사
- 신규검사 : 신규등록을 하려는 경우 실시하는 검사
- 정기검사 : 신규등록 후 일정 기간마다 정기적으로 실시하는 검사
- 튜닝검사 : 자동차를 튜닝한 경우에 실시하는 검사
- 임시검사 : 자동차관리법 또는 자동차관리법에 따른 명령이나 자동차 소유자의 신청을 받아 비정기적으로 실시하는 검사
- 수리검사 : 전손 처리 자동차를 수리한 후 운행하려는 경우에 실시하는 검사

41 정기검사·종합검사 미시행에 따른 과태료
- 검사 지연기간이 30일 이내인 경우 : 2만 원
- 검사 지연기간이 30일 초과 114일 이내인 경우 : 2만 원에 31일째부터 계산하여 3일 초과 시마다 1만 원을 더한 금액
- 검사 지연기간이 115일 이상인 경우 : 30만 원

42 도로법상 도로
- 차도·보도·자전거도로 및 측도
- 터널·교량·지하도 및 육교(해당 시설에 설치된 엘리베이터를 포함)
- 궤도
- 옹벽·배수로·길도랑·지하통로 및 무넘기시설
- 도선장 및 도선의 교통을 위하여 수면에 설치하는 시설

43 도로법상 도로에 관한 금지행위
- 도로를 파손하는 행위
- 도로에 토석, 입목·죽(竹) 등 장애물을 쌓아놓는 행위
- 그 밖에 도로의 구조나 교통에 지장을 주는 행위

44 관리청의 운행 허가 시 도로관리청에 제출하여야 하는 서류
- 운행하려는 도로의 종류 및 노선명
- 운행구간 및 그 총 연장
- 차량의 제원(諸元)
- 운행기간, 운행목적, 운행방법

45 도로법령상 도로관리청이 운행을 제한할 수 있는 차량
- 축하중이 10톤을 초과하거나 총중량이 40톤을 초과하는 차량
- 차량의 폭이 2.5미터, 높이가 4.0미터(도로 구조의 보전과 통행의 안전에 지장이 없다고 도로관리청이 인정하여 고시한 도로의 경우에는 4.2미터), 길이가 16.7미터를 초과하는 차량
- 도로관리청이 특히 도로 구조의 보전과 통행의 안전에 지장이 있다고 인정하는 차량

46 자동차전용도로 지정 시 도로관리청에 따른 의견을 들어야 하는 자
- 도로관리청이 국토교통부장관인 경우 : 경찰청장
- 도로관리청이 특별시장·광역시장·도지사 또는 특별자치도지사인 경우 : 관할지방경찰청장
- 도로관리청이 특별자치시장, 시장·군수 또는 구청장인 경우 : 관할경찰서장

47 대기환경보전법상 용어
- 배출가스저감장치 : 자동차에서 배출되는 대기오염물질을 줄이기 위하여 자동차에 부착 또는 교체하는 장치로서 환경부령으로 정하는 저감효율에 적합한 장치
- 저공해엔진 : 자동차에서 배출되는 대기오염물질을 줄이기 위한 엔진(엔진 개조에 사용하는 부품을 포함)으로서 환경부령으로 정하는 배출허용기준에 맞는 엔진
- 저공해자동차 : 대기오염물질의 배출이 없는 자동차 또는 제작차의 배출 허용기준보다 오염물질을 적게 배출하는 자동차
- 친환경자동차 : 오염물질의 배출을 줄이고 에너지를 절약할 수 있는 자동차

핵심문제 01

도로교통법에서 정의하고 있는 '안전지대'에 대한 설명으로 옳은 것은?

① 긴급자동차만 통행할 수 있도록 안전표지나 이와 비슷한 인공구조물로 표시한 도로의 부분
② 도로를 횡단하는 보행자나 통행하는 차마의 안전을 위하여 안전표지나 이와 비슷한 인공구조물로 표시한 도로의 부분
③ 견인자동차가 비상대기할 수 있도록 안전표지나 이와 비슷한 인공구조물로 표시한 도로의 부분
④ 화물자동차의 운송을 원활하게 하기 위하여 안전표지나 이와 비슷한 인공구조물로 표시한 도로의 부분

해설 도로교통법 제2조 제14호에 따른 안전지대란 도로를 횡단하는 보행자나 통행하는 차마의 안전을 위하여 안전표지나 이와 비슷한 인공구조물로 표시한 도로의 부분을 말한다.

핵심문제 02

도로교통법에서 "차마가 한 줄로 도로의 정하여진 부분을 통행하도록 차선으로 구분한 차도의 부분"을 무엇이라 하는가?

① 차로
② 도로
③ 교차로
④ 차마

해설 도로교통법 제2조 제6호에 따른 차로란 차마가 한 줄로 도로의 정하여진 부분을 통행하도록 차선(車線)으로 구분한 차도의 부분을 말한다.

핵심문제 03

자동차만 다닐 수 있도록 설치된 도로는?

① 자동차유일도로
② 자동차전용도로
③ 자동차전속도로
④ 자동차통용도로

해설 자동차만 다닐 수 있도록 설치된 도로는 도로교통법 제2조 제2호에 따른 자동차전용도로이다.

핵심문제 04

도로교통법상 '도로'에 해당하는 장소가 아닌 곳은?

① 도로법에 따른 도로
② 농어촌도로 정비법에 따른 농어촌도로
③ 유료도로법에 따른 유료도로
④ 군부대 내 도로

해설 불특정 다수의 사람 또는 차마가 통행할 수 있도록 공개된 장소가 아니기 때문에 군부대 내 도로는 도로교통법상 도로에 해당할 수 없다. 도로란 다음 각 목에 해당하는 곳을 말한다(도로교통법 제2조 제1호).
- 도로법에 따른 도로
- 유료도로법에 따른 유료도로
- 농어촌도로 정비법에 따른 농어촌도로
- 그 밖에 현실적으로 불특정 다수의 사람 또는 차마가 통행할 수 있도록 공개된 장소로서 안전하고 원활한 교통을 확보할 필요가 있는 장소

핵심문제 05

건설기계관리법에 따른 자동차에 해당하지 않는 것은?

① 콘크리트펌프
② 3톤 이상의 지게차
③ 덤프트럭
④ 아스팔트콘크리트재생기

해설 건설기계관리법에 따른 자동차는 덤프트럭, 아스팔트살포기, 노상안정기, 콘크리트믹서트럭, 콘크리트펌프, 천공기(트럭적재식) 등이다(건설기계관리법 시행규칙 제73조 제1항).

01 ② 02 ① 03 ② 04 ④ 05 ②

핵심문제 06

보행신호의 종류 중 녹색등화의 점멸에 대한 설명으로 맞는 것은?

① 보행자는 횡단을 시작하여서는 아니 되고, 횡단하고 있는 보행자는 중앙선에 멈추어 서 있어야 한다.
② 보행자는 횡단을 시작하여서는 아니 되고, 횡단하고 있는 보행자는 신속하게 횡단을 완료하거나 그 횡단을 중지하고 보도로 되돌아와야 한다.
③ 보행자는 횡단을 신속하게 시작하여야 하고, 횡단하고 있는 보행자는 반드시 그 횡단을 중지하고 보도로 되돌아와야 한다.
④ 보행자는 횡단을 신속하게 시작하여야 하고, 횡단하고 있는 보행자는 신속하게 횡단을 완료하여야 한다.

해설 녹색등화의 점멸 시에 보행자는 횡단을 시작하여서는 안 되고, 횡단하고 있는 보행자는 신속히 횡단을 완료 또는 횡단을 중지하고 보도로 되돌아와야 한다.

핵심문제 07

차마가 다른 교통 또는 안전표지에 주의하면서 진행할 수 없는 교통신호는?

① 차량신호등 - 황색등화의 점멸
② 차량신호등 - 적색등화의 점멸
③ 보행자신호등 - 적색등화의 점멸
④ 보행자신호등 - 황색등화의 점멸

해설 보행자신호등은 녹색등화, 녹색등화의 점멸, 적색등화로 구성되며, 황색등화는 없다.

핵심문제 08

화살표 등화의 신호에 해당하지 않는 것은?

① 녹색화살표의 등화
② 적색화살표의 등화
③ 녹색화살표 등화의 점멸
④ 적색화살표 등화의 점멸

해설 화살표 등화는 녹색화살표의 등화, 황색화살표의 등화, 적색화살표의 등화, 황색화살표 등화의 점멸, 적색화살표 등화의 점멸로 이루어지며, 녹색화살표 등화의 점멸은 없다.

핵심문제 09

교통안전표지의 종류가 아닌 것은?

① 주의표지
② 규제표지
③ 권장표지
④ 보조표지

해설 안전표지는 주의표지, 규제표지, 지시표지, 보조표지, 노면표시로 구분된다.

핵심문제 10

주의표지에 해당하지 않는 표지는?

① 서행표지
② 횡풍표지
③ 터널표지
④ 위험표지

해설 주의표지는 도로상태가 위험하거나 도로 또는 그 부근에 위험물이 있는 경우에 필요한 안전조치를 할 수 있도록 이를 도로사용자에게 알리는 표지이다. 서행표지는 도로교통의 안전을 위하여 각종 제한·금지 등의 규제를 하는 경우에 이를 도로사용자에게 알리는 표지인 규제표지에 해당한다.

정답 06 ② 07 ④ 08 ③ 09 ③ 10 ①

핵심문제 11

고속도로 외의 도로에서 왼쪽 차로로 통행할 수 있는 차종이 아닌 것은?

① 소형 승합자동차
② 경형 승합자동차
③ 승용자동차
④ 이륜자동차

해설 도로교통법 시행규칙 별표 9에 따라 고속도로 외의 도로에서 왼쪽 차로로 통행할 수 있는 차종은 승용자동차 및 경형·소형·중형 승합자동차이며, 이륜자동차는 오른쪽 차로로 통행할 수 있다.

핵심문제 12

편도 3차로 이상 고속도로에서 도로교통법 제2조 제18호 나목에 따른 건설기계가 통행할 수 있는 차로는?

① 1차로
② 왼쪽 차로
③ 오른쪽 차로
④ 통행할 수 없음

해설 편도 3차로 이상 고속도로에서 대형 승합자동차, 화물자동차, 특수자동차, 도로교통법 제2조 제18호 나목에 따른 건설기계는 오른쪽 차로로 통행할 수 있다.

핵심문제 13

편도 2차로인 고속도로에서 2차로로 통행할 수 있는 차종을 모두 나열한 것은?

① 이륜자동차, 원동기장치자전거
② 모든 자동차
③ 승용자동차 및 경형·소형·중형 승합자동차
④ 대형 승합자동차, 화물자동차, 특수자동차, 도로교통법 제2조 제18호 나목에 따른 건설기계

해설 편도 2차로인 고속도로에서 2차로로 통행할 수 있는 차종은 모든 자동차이다.

핵심문제 14

안전거리확보 등 통행방법으로 올바르지 않은 것은?

① 모든 차의 운전자는 앞차와의 충돌을 피할 수 있는 거리를 확보하여야 한다.
② 자전거 옆을 지날 때에는 안전거리 확보에 신경을 쓰지 않아도 된다.
③ 다른 차의 정상적인 통행에 장애를 줄 우려가 있을 때는 진로를 변경하여서는 안 된다.
④ 운전자는 차를 갑자기 정지시키거나 속도를 줄이는 등의 급제동을 하여서는 안 된다.

해설 자동차 등의 운전자는 같은 방향으로 가고 있는 자전거 운전자에 주의하여야 하며, 그 옆을 지날 때에는 자전거와의 충돌을 피할 수 있는 필요한 거리를 확보하여야 한다(도로교통법 제19조).

핵심문제 15

도로교통법령상 자동차전용도로에서의 최고속도로 옳은 것은?

① 80km/h
② 90km/h
③ 100km/h
④ 110km/h

해설 자동차전용도로에서의 최고속도는 매시 90킬로미터, 최저속도는 매시 30킬로미터이다.

정답 11 ④ 12 ③ 13 ② 14 ② 15 ②

핵심문제 16

편도 1차로인 고속도로에서 특수자동차의 최고속도와 최저 속도가 맞게 연결된 것은?

① 최고속도 : 80km/h, 최저속도 : 40km/h
② 최고속도 : 80km/h, 최저속도 : 50km/h
③ 최고속도 : 90km/h, 최저속도 : 40km/h
④ 최고속도 : 90km/h, 최저속도 : 50km/h

해설 편도 1차로인 고속도로에서는 모든 차량이 최고 80km/h, 최저 50km/h의 속도로 운행하여야 한다.

핵심문제 17

편도 2차로 이상인 일반도로의 최고속도와 최저속도 기준으로 맞는 것은? (단, 지정·고시하여 변경된 경우 제외)

① 최고속도 70km/h 이내 – 최저속도 30km/h
② 최고속도 70km/h 이내 – 최저속도 제한 없음
③ 최고속도 80km/h 이내 – 최저속도 30km/h
④ 최고속도 80km/h 이내 – 최저속도 제한 없음

해설 편도 2차로 이상인 도로에서는 매시 80킬로미터 이내의 최고속도 제한이 있으며, 최저속도는 따로 규정하고 있지 않다.

핵심문제 18

도로교통법령상 운행속도를 최고속도의 100분의 50을 줄인 속도로 운행하여야 하는 경우가 아닌 것은?

① 눈이 20mm 이상 쌓인 경우
② 안개, 폭우, 폭설 등으로 가시거리가 100m 이내인 경우
③ 비포장 도로를 운전하는 경우
④ 노면이 얼어붙은 경우

해설 최고속도의 100분의 50을 줄인 속도로 운행하여야 하는 경우(도로교통법 시행규칙 제19조 제2항 제2호)
- 폭우·폭설·안개 등으로 가시거리가 100미터 이내인 경우
- 노면이 얼어붙은 경우
- 눈이 20밀리미터 이상 쌓인 경우

핵심문제 19

비가 내려 노면이 젖어 있거나, 겨울철 눈이 20mm 미만 쌓인 경우 운행속도는?

① 최고속도의 10/100을 줄인 속도
② 최고속도의 20/100을 줄인 속도
③ 최고속도의 50/100을 줄인 속도
④ 최고속도의 90/100을 줄인 속도

해설 최고속도의 100분의 20을 줄인 속도로 운행하여야 하는 경우(도로교통법 시행규칙 제19조 제2항 제1호)
- 비가 내려 노면이 젖어있는 경우
- 눈이 20밀리미터 미만 쌓인 경우

핵심문제 20

도로교통법상 차가 즉시 정지할 수 있는 느린 속도로 진행하여야 할 장소가 아닌 곳은?

① 중앙선이 지워진 도로
② 비탈길의 고갯마루 부근
③ 가파른 비탈길의 내리막
④ 도로가 구부러진 부근

해설 서행하여야 할 장소(도로교통법 제31조 제1항)
- 교통정리를 하고 있지 아니하는 교차로
- 도로가 구부러진 부근
- 비탈길의 고갯마루 부근
- 가파른 비탈길의 내리막
- 지방경찰청장이 도로에서의 위험을 방지하고 교통의 안전과 원활한 소통을 확보하기 위하여 필요하다고 인정하여 안전표지로 지정한 곳

정답 16 ② 17 ④ 18 ③ 19 ② 20 ①

핵심문제 21

정지상황의 일시적 전개를 의미하는 것은?

① 일단서행 ② 정차
③ 일단정지 ④ 일시정지

해설 반드시 차가 멈추어야 하되, 얼마간의 시간 동안 정지상태를 유지해야 하는 교통상황의 의미(정지상황의 일시적 전개)는 일시정지이다.

핵심문제 22

서행하여야 하는 장소가 아닌 것은?

① 교통정리를 하고 있지 아니하는 교차로 ② 교차로나 그 부근에서 긴급자동차가 접근하는 경우
③ 도로가 구부러진 부근 ④ 지방경찰청장이 안전표지로 지정한 곳

해설 교차로나 그 부근에 긴급자동차가 접근하는 경우에는 교차로를 피하여 도로의 우측(또는 좌측) 가장자리에 일시정지하여야 한다.

핵심문제 23

서행하여야 하는 장소로 올바르지 않은 것은?

① 가파른 비탈길의 내리막 ② 지방경찰청장이 안전표지로 지정한 곳
③ 도로가 구부러진 부근 ④ 교통정리가 행해지고 있는 교차로

해설 **서행하여야 할 장소(도로교통법 제31조 제1항)**
- 교통정리를 하고 있지 아니하는 교차로
- 도로가 구부러진 부근
- 비탈길의 고갯마루 부근
- 가파른 비탈길의 내리막
- 지방경찰청장이 도로에서의 위험을 방지하고 교통의 안전과 원활한 소통을 확보하기 위하여 필요하다고 인정하여 안전표지로 지정한 곳

핵심문제 24

교차로에서 우회전 혹은 좌회전을 하기 위해 사용하는 신호의 방법이 아닌 것은?

① 등화 ② 깜빡이(방향지시기)
③ 손(수신호) ④ 경음기

해설 우회전이나 좌회전을 할 때에는 손이나 방향지시기 또는 등화로써 신호를 할 수 있다.

핵심문제 25

다음 중 제1종 보통면허로 운전할 수 없는 차는?

① 승차정원 12인의 긴급 승합자동차 ② 적재중량 15톤의 화물자동차
③ 승차정원 15인의 승합자동차 ④ 구난차 등을 제외한 총중량 8톤의 특수자동차

해설 **제1종 보통면허로 운전할 수 있는 차의 종류(도로교통법 시행규칙 별표 18)**
- 승용자동차
- 승차정원 15인 이하의 승합자동차
- 적재중량 12톤 미만의 화물자동차
- 건설기계(도로를 운행하는 3톤 미만의 지게차에 한정한다.)
- 총 중량 10톤 미만의 특수자동차(구난차 등은 제외한다.)
- 원동기장치자전거

정답 21 ④ 22 ② 23 ④ 24 ④ 25 ②

핵심문제 26

제2종 보통면허를 소지한 자가 운전할 수 있는 사업용 자동차는?

① 사다리차
② 적재중량 2.5톤 화물자동차
③ 승차정원 12인승 승합자동차
④ 총 중량 4톤의 특수자동차

해설 제2종 보통면허로 운전할 수 있는 차의 종류(도로교통법 시행규칙 별표 18)
- 승용자동차
- 승차정원 10명 이하의 승합자동차
- 적재중량 4톤 이하의 화물자동차
- 총 중량 3.5톤 이하의 특수자동차(구난차 등은 제외한다.)
- 원동기장치자전거

핵심문제 27

제1종 보통운전면허로 운전할 수 있는 차량이 아닌 것은?

① 건설기계(도로를 운행하는 3톤 미만의 지게차로 한정한다.)
② 적재중량 12톤 미만인 화물자동차
③ 승차정원 25인승 승합자동차
④ 총 중량 10톤 미만인 특수자동차(구난차 등은 제외한다.)

해설 제1종 보통운전면허로는 승차정원이 15인승 이하인 승합자동차를 운전할 수 있으므로, 승차정원 25인승 승합자동차는 불가하다.

핵심문제 28

제1종 대형운전면허 소지자만 운전할 수 있는 자동차는?

① 총중량 10톤 미만의 특수자동차(구난차 등은 제외)
② 승차정원 15인 이하의 승합자동차
③ 적재물량 12톤 미만의 화물자동차
④ 건설기계인 덤프트럭

해설 ①, ②, ③은 제1종 보통운전면허로 운전할 수 있는 차량이다.

핵심문제 29

사고 결과에 따른 벌점 산정 시 중상사고의 기준은?

① 5주 이상 부상사고
② 4주 이상 부상사고
③ 3주 이상 부상사고
④ 2주 이상 부상사고

해설 중상은 3주 이상의 치료를 요하는 의사의 진단이 있는 사고이다.

핵심문제 30

적재중량 5톤인 화물자동차가 법정최고속도를 40km/h 초과하여 운행하다 단속되었을 때에 운전자에게 부과되는 범칙금은?

① 3만 원
② 7만 원
③ 9만 원
④ 10만 원

해설 도로교통법 시행령 별표 8의 범칙행위 및 범칙금액(운전자) 규정에 따라 4톤 초과 화물자동차는 60km/h 초과 속도위반 시 13만 원, 40km/h 초과 60km/h 이하 속도위반 시 10만 원의 범칙금이 부과된다.

정답 26 ② 27 ③ 28 ④ 29 ③ 30 ④

핵심문제 31

고속도로의 갓길 통행 시 부과되는 벌점은?

① 40점
② 30점
③ 20점
④ 10점

해설 고속도로 · 자동차전용도로 갓길 통행 시 부과되는 벌점은 30점이다.

핵심문제 32

교통사고 발생 시부터 72시간 이내에 피해자가 사망한 경우 사망자 1명당 가해자에게 부과되는 벌점은?

① 50점
② 70점
③ 90점
④ 110점

해설 인적피해교통사고로 사고 발생 시부터 72시간 이내에 피해자가 사망한 때에는 사망자 1명마다 벌점 90점이 부과된다(도로교통법 시행규칙 별표 28).

핵심문제 33

운전면허 행정처분을 위한 법정기준 중 틀린 것은?

① 벌점 산정 시 처분받을 운전자 본인의 피해에 대하여는 벌점을 1/2로 감경한다.
② 자동차등 대 자동차등 교통사고의 경우 그 사고원인 중 중한 위반행위를 한 운전자만 벌점을 부과한다.
③ 자동차등 대 사람 교통사고의 경우 행정과실인 때에는 그 벌점을 1/2로 감경한다.
④ 교통사고 발생 원인이 불가항력적인 경우 행정처분을 하지 아니한다.

해설 교통사고로 인한 벌점 산정에 있어서 처분받을 운전자 본인의 피해에 대하여는 벌점을 산정하지 아니한다(도로교통법 시행규칙 별표 28).

핵심문제 34

교통사고처리특례법 적용 배제 사유가 아닌 것은?

① 신호 위반사고
② 무면허운전 사고
③ 교차로 내 사고
④ 앞지르기 금지장소 위반사고

해설 **특례의 배제**
- 신호 · 지시 위반사고
- 중앙선 침범, 고속도로나 자동차전용도로에서의 횡단 · 유턴 또는 후진 위반사고
- 속도위반(20km/h) 과속사고
- 앞지르기의 방법 · 금지시기 · 금지장소 또는 끼어들기 금지 위반사고
- 철길건널목 통과방법 위반사고
- 보행자보호의무 위반사고
- 무면허운전 사고
- 주취운전 · 약물복용운전 사고
- 보도침범 · 보도횡단방법 위반사고
- 승객추락방지의무 위반사고
- 어린이 보호구역 내 안전운전의무 위반으로 어린이의 신체를 상해에 이르게 한 사고
- 자동차의 화물이 떨어지지 아니하도록 필요한 조치를 하지 아니하고 운전한 경우

정답 31 ② 32 ③ 33 ① 34 ③

핵심문제 35

다음 중 교통사고처리특례법상 보도침범사고에 해당하는 것은?

① 만부득이하게 보도를 침범하여 발생한 사고
② 학교 안에 자체적으로 설치한 보도를 침범하여 발생한 사고
③ 길가장자리구역에서 발생한 사고
④ 자전거를 끌고 가던 자와 보도에서 충돌한 사고

해설 자전거를 끌고 가는 자 역시 보행자에 해당한다. 따라서 보도에서 충돌하였다면 교통사고처리특례법상 보도침범사고가 된다.

핵심문제 36

교통사고처리특례법 적용 배제 사유에 해당하지 않는 것은?

① 속도위반(10km/h 초과) 과속사고
② 무면허운전사고
③ 중앙선 침범사고
④ 끼어들기 금지 위반사고

해설 속도위반(20km/h 초과) 과속사유이어야 한다.

핵심문제 37

교통사고처리특례법에 따라 형사처벌의 특례(면책)를 적용받을 수 있는 사고는?

① 사망사고
② 뺑소니 인사사고
③ 앞지르기의 방법·금지 위반 사상사고
④ 500만 원 이상의 물적 피해사고

해설 물적 피해사고는 형사처벌의 특례를 적용받을 수 있다.

핵심문제 38

교통사고처리특례법에 따라 피해자의 명시적인 의사에 반하여 공소를 제기할 수 없는 경우는?

① 어린이보호구역에서 어린이 2명이 중상을 입었고, 자동차 종합보험에 가입된 상태였다.
② 물적 피해사고가 발생하여 피해자와 합의를 하였다.
③ 중앙선 침범으로 경상 3명이 발생한 사고로 피해자와 합의를 하였다.
④ 보도횡단방법 위반사고로 인명사고를 발생시켰다.

해설 물적 피해사고가 발생하여 피해자와 합의를 한 경우에는 특례의 배제 사유가 아니다.

핵심문제 39

특정범죄 가중처벌 등에 관한 법률에 의하여 도주사고에 해당되는 것은?

① 부상피해자에 대한 적극적인 구호조치 없이 가버린 경우
② 경찰관이 환자를 후송하는 것을 보고 연락처를 주고 가버린 경우
③ 교통사고 가해운전자가 심한 부상을 입어 타인에게 의뢰하여 피해자를 후송 조치한 경우
④ 교통사고 장소가 혼잡하여 도저히 정지할 수 없어 일부 진행한 후 정지하고 되돌아와 조치한 경우

해설 부상피해자에 대한 적극적인 구호조치 없이 가버린 경우는 도주사고에 해당된다.

정답 35 ④ 36 ① 37 ④ 38 ② 39 ①

핵심문제 40

교통사고처리특례법상 중앙선 침범에 해당하지 않는 경우는?

① 사고피양 중 부득이하게 중앙선을 침범한 경우
② 고의 또는 의도적으로 중앙선을 침범한 경우
③ 중앙선을 걸친 상태로 계속 진행한 경우
④ 커브길 과속운행으로 중앙선을 침범한 경우

해설 앞차의 정지를 보고 추돌을 피하려다 중앙선을 침범한 사고, 보행자를 피양하다 중앙선을 침범한 사고, 빙판길에 미끄러지면서 중앙선을 침범한 사고와 같이 사고피양 등 만부득이한 중앙선 침범 사고는 교통사고처리특례법상 중앙선 침범이 적용되지 않는다.

핵심문제 41

다음 중 횡단보도 보행자 보호의무 위반사고인 것은?

① 횡단보도에 드러누워 있는 사람을 치상한 사고
② 횡단보도 내에서 택시를 잡기 위하여 서 있는 사람을 치상한 사고
③ 횡단보도 내에서 교통정리하는 경찰관을 치상한 사고
④ 자전거를 끌고 횡단보도를 횡단하는 사람을 치상한 사고

해설 횡단보도에서 원동기장치자전거나 자전거를 끌고 가는 사람은 횡단보도 보행자로 인정되므로, ④의 경우 횡단보도 보행자 보호의무 위반사고에 해당한다.

핵심문제 42

앞지르기 금지장소가 아닌 곳은?

① 도로의 구부러진 곳
② 가파른 비탈길의 오르막
③ 비탈길의 고갯마루 부근
④ 가파른 비탈길의 내리막

해설 도로교통법 제22조 제3항에 따라 교차로, 터널 안, 다리 위, 도로의 구부러진 곳, 비탈길의 고갯마루 부근 또는 가파른 비탈길의 내리막 등 지방경찰청장이 도로에서의 위험을 방지하고 교통의 안전과 원활한 소통을 확보하기 위하여 필요하다고 인정하는 곳으로서 안전표지로 지정한 곳에서는 앞지르기가 금지된다.

핵심문제 43

화물자동차 운수사업법의 목적으로 적절하지 않은 것은?

① 공공복리 증진
② 화물의 원활한 운송
③ 운수사업의 효율적 관리
④ 화물자동차 운수사업자의 이익 극대화

해설 화물자동차 운수사업법은 운수사업의 효율적 관리, 화물의 원활한 운송, 공공복리 증진에 기여함을 목적으로 하는 법이다. 운수사업자의 이익과는 관련이 없다.

핵심문제 44

화물자동차 운수사업에 해당하지 않는 것은?

① 화물자동차 운송사업
② 화물자동차 공제사업
③ 화물자동차 운송주선사업
④ 화물자동차 운송가맹사업

해설 화물자동차 운수사업법 제2조 제2호에 따른 화물자동차 운수사업이란 화물자동차 운송사업, 화물자동차 운송주선사업 및 화물자동차 운송가맹사업을 말한다.

정답 40 ① 41 ④ 42 ② 43 ④ 44 ②

핵심문제 45

화물자동차 운수사업법령에서 정의한 운수종사자에 해당하는 자는?

① 자동차 보험회사 직원
② 화물자동차 운전자
③ 1급 정비공장 정비원
④ 지방자치단체 교통 공무원

해설 화물자동차 운수사업법 제2조 제8호에 따른 운수종사자란 화물자동차의 운전자, 화물의 운송 또는 운송주선에 관한 사무를 취급하는 사무원 및 이를 보조하는 보조원, 그 밖에 화물자동차 운수사업에 종사하는 자를 말한다.

핵심문제 46

자동차관리법상 화물자동차의 조건이 아닌 것은?

① 승차공간과 화물적재공간이 분리된 자동차
② 화물적재공간의 바닥면적이 승차공간의 바닥면적보다 좁은 자동차
③ 화물운송기능을 갖추고 자체 적하, 기타 작업설비를 갖춘 자동차
④ 바닥면적이 최소 2제곱미터 이상인 화물적재공간을 갖춘 자동차

해설 화물적재공간의 바닥면적이 승차공간의 바닥면적(운전석에 있는 열의 바닥면적을 포함)보다 넓을 것을 요한다(자동차관리법 시행규칙 별표 1).

핵심문제 47

화물자동차의 공영차고지 설치자가 아닌 자는?

① 경찰서장
② 시장
③ 군수
④ 구청장

해설 화물자동차 운수사업법 제2조 제9호에 따른 공영차고지란 화물자동차 운수사업에 제공되는 차고지로서 특별시장·광역시장·특별자치시장·도지사·특별자치도지사 또는 시장·군수·구청장(자치구의 구청장)이 설치한 것을 말한다.

핵심문제 48

다른 사람의 요구에 응하여 유상으로 화물운송계약을 중개·대리하는 사업은?

① 화물자동차 운영사업
② 화물자동차 운송주선사업
③ 화물자동차 운송가맹사업
④ 화물자동차 경영주선사업

해설 화물자동차 운수사업법 제2조 제4호에 따른 화물자동차 운송주선사업이란 다른 사람의 요구에 응하여 유상으로 화물운송계약을 중개·대리하거나 화물자동차 운송사업 또는 화물자동차 운송가맹사업을 경영하는 자의 화물 운송수단을 이용하여 자기 명의와 계산으로 화물을 운송하는 사업을 말한다.

핵심문제 49

운수종사자가 아닌 사람은?

① 화물자동차의 운전자
② 화물의 운송 또는 운송주선에 관한 사무를 취급하는 사무원
③ 화물의 운송 또는 운송주선에 관한 사무를 취급하는 사무원을 보조하는 보조원
④ 화물 수탁인

해설 화물자동차 운수사업법 제2조 제8호에 따른 운수종사자란 화물자동차의 운전자, 화물의 운송 또는 운송주선에 관한 사무를 취급하는 사무원 및 이를 보조하는 보조원, 그 밖에 화물자동차 운수사업에 종사하는 자를 말한다.

정답 45 ② 46 ② 47 ① 48 ② 49 ④

핵심문제 50

다른 사람의 요구에 응하여 화물자동차를 사용하여 화물을 유상으로 운송하는 사업은?

① 화물자동차 운송사업
② 화물자동차 영업사업
③ 화물자동차 운영사업
④ 화물자동차 운반가맹사업

 화물자동차 운수사업법 제2조 제3호에 따른 화물자동차 운송사업이란 다른 사람의 요구에 응하여 화물자동차를 사용하여 화물을 유상으로 운송하는 사업을 말한다.

핵심문제 51

자동차관리법령상 화물자동차의 유형별 분류 중 지붕구조의 덮개가 있는 화물운송용 화물자동차의 종류는?

① 일반형
② 덤프형
③ 밴형
④ 특수용도형

 지붕구조의 덮개가 있는 화물운송용인 화물자동차를 밴형 화물자동차라 한다(자동차관리법 시행규칙 별표 1). 유형별 세부기준은 다음과 같다.
- 일반형 : 보통의 화물운송용인 것
- 덤프형 : 적재함을 원동기의 힘으로 기울여 적재물을 중력에 의하여 쉽게 미끄러뜨리는 구조의 화물운송용인 것
- 특수용도형 : 특정한 용도를 위하여 특수한 구조로 하거나 기구를 장치한 것으로서 위 어느 형에도 속하지 아니하는 화물운송용인 것

핵심문제 52

화물자동차 운송가맹점이란 화물자동차 운송가맹사업자의 운송가맹점으로 가입하여 무엇을 부여받은 자를 말하는가?

① 도로통행권
② 영업허가권
③ 영업표지의 사용권
④ 화물운송의 수송권

 화물자동차 운수사업법 제2조 제7호에 따른 화물자동차 운송가맹점이란 화물자동차 운송가맹사업자의 운송가맹점으로 가입하여 그 영업표지(상호와 상표 등을 포함)의 사용권을 부여받은 자를 말한다.

핵심문제 53

화물자동차 운송사업 중 화물자동차 1대를 사용하여 화물을 운송하는 사업은?

① 일반화물자동차 운송사업
② 특수화물자동차 운송사업
③ 개별화물자동차 운송사업
④ 용달화물자동차 운송사업

 개별화물자동차 운송사업의 허가기준 대수는 1대이며, 일반화물자동차 운송사업의 허가기준 대수는 1대 이상, 용달화물자동차 운송사업의 허가기준 대수는 1대 이상(집화 등만을 위해 허가를 받으려는 경우는 1대)이다(화물자동차 운수사업법 시행규칙 별표 1).

핵심문제 54

화물자동차 운송사업자가 국토교통부장관에게 운임 및 요금을 신고할 때 제출하여야 할 자료가 아닌 것은?

① 운임 및 요금신고서
② 공인회계사가 작성한 원가계산서
③ 운임·요금표
④ 차량의 구조 및 최대적재량

 운임 및 요금의 신고 시 첨부 서류(화물자동차 운수사업법 시행규칙 서식 11)
- 원가계산서(행정기관에 등록한 원가계산기관 또는 공인회계사가 작성한 것을 말한다.)
- 운임·요금표
- 운임 및 요금의 신·구대비표(변경신고인 경우만 해당한다.)

정답 50 ① 51 ③ 52 ③ 53 ③ 54 ④

핵심문제 55

운송주선사업자가 적재물배상보험 등에 가입하고자 할 때 가입 단위는?

① 각 사업자별
② 각 화물자동차별
③ 각 사업장별
④ 각 지역별

해설 적재물배상 책임보험 등의 가입 범위
- 운송사업자 : 각 화물자동차별로 가입
- 운송주선사업자 : 각 사업자별로 가입
- 운송가맹업자 : 최대 적재량이 5톤 이상이거나 총중량이 10톤 이상인 화물자동차 중 일반형·밴형 및 특수용도형 화물자동차와 견인형 특수자동차를 소유한 자는 각 화물자동차별 및 각 사업자별로, 그 외의 자는 각 사업자별로 가입

핵심문제 56

보험 등 의무가입자 및 보험회사 등이 책임보험계약 등의 전부 또는 일부를 해제 또는 해지할 수 있는 사유가 아닌 것은?

① 화물자동차 운송사업을 휴업하거나 폐업한 경우
② 보험회사 등이 파산 등의 사유로 영업을 계속할 수 없는 경우
③ 화물자동차 운송사업의 적자 누적으로 책임보험을 해제 또는 해지하고자 하는 경우
④ 화물자동차 운송주선사업의 허가가 취소된 경우

해설 책임보험계약 등의 해제 사유(화물자동차 운수사업법 제37조)
- 화물자동차 운송사업의 허가사항이 변경(감차만을 말한다)된 경우
- 화물자동차 운송사업을 휴업하거나 폐업한 경우
- 화물자동차 운송사업의 허가가 취소되거나 감차 조치 명령을 받은 경우
- 화물자동차 운송주선사업의 허가가 취소된 경우
- 화물자동차 운송가맹사업의 허가사항이 변경(감차만을 말한다)된 경우
- 화물자동차 운송가맹사업의 허가가 취소되거나 감차 조치 명령을 받은 경우
- 적재물배상보험 등에 이중으로 가입되어 하나의 책임보험계약 등을 해제하거나 해지하려는 경우
- 보험회사 등이 파산 등의 사유로 영업을 계속할 수 없는 경우
- 그 밖에 제1호부터 제8호까지의 규정에 준하는 경우로서 대통령령으로 정하는 경우

핵심문제 57

사업용 밴형 화물자동차의 화물기준은?

① 화주 1명당 화물용적 2만 세제곱센티미터 이상
② 화주 1명당 화물용적 3만 세제곱센티미터 이상
③ 화주 1명당 화물용적 4만 세제곱센티미터 이상
④ 화주 1명당 화물용적 5만 세제곱센티미터 이상

해설 밴형 화물자동차의 화물은 화주 1명당 화물용적 4만 세제곱센티미터 이상이어야 한다.

핵심문제 58

화물자동차 운송사업자에게 부과되는 과징금액의 용도가 아닌 것은?

① 협회 및 연합회의 운영자금 지원
② 신고포상금의 지급
③ 공동차고지의 건설 및 확충
④ 화물터미널의 건설 및 확충

해설 과징금의 용도(화물자동차 운수사업법 제21조 제4항)
- 화물터미널의 건설과 확충
- 공동차고지(사업자단체, 운송사업자 또는 운송가맹사업자가 운송사업자 또는 운송가맹사업자에게 공동으로 제공하기 위하여 설치하거나 임차한 차고지를 말한다.)의 건설과 확충
- 경영개선이나 그 밖에 화물에 대한 정보 제공사업 등 화물자동차 운수사업의 발전을 위하여 필요한 사업
- 제60조의2 제1항에 따른 신고포상금의 지급

정답 55 ① 56 ③ 57 ③ 58 ①

핵심문제 59

화물자동차 운송가맹사업을 경영하려는 자가 국토교통부장관에게 받아야 하는 것은?

① 신고
② 허가
③ 위임
④ 신청

해설) 화물자동차 운송가맹사업을 경영하려는 자는 국토교통부령으로 정하는 바에 따라 국토교통부장관의 허가를 받아야 한다(화물자동차 운수사업법 제3조 제1항).

핵심문제 60

교통사고를 일으켜 5주 이상의 치료가 필요한 상해를 입힌 자가 받아야 하는 검사는?

① 운전적성 정밀검사 중 갱신검사
② 운전적성 정밀검사 중 특별검사
③ 운전적성 정밀검사 중 유지검사
④ 운전적성 정밀검사 중 신규검사

해설) 교통사고를 일으켜 사람을 사망하게 하거나 5주 이상의 치료가 필요한 상해를 입힌 사람, 과거 1년간 도로교통법 시행규칙에 따른 운전면허 행정처분기준에 따라 산출된 누산점수가 81점 이상인 사람은 특별검사를 받아야 한다.

핵심문제 61

운전적성 정밀검사 중 특별검사는 과거 1년간 도로교통법 시행규칙에 따른 운전면허 행정처분기준에 따라 산출된 누산점수가 몇 점 이상인 사람이 받아야 하는 검사인가?

① 111점
② 101점
③ 91점
④ 81점

해설) 교통사고를 일으켜 사람을 사망하게 하거나 5주 이상의 치료가 필요한 상해를 입힌 사람, 과거 1년간 도로교통법 시행규칙에 따른 운전면허 행정처분기준에 따라 산출된 누산점수가 81점 이상인 사람은 특별검사를 받아야 한다.

핵심문제 62

화물운송종사자격시험에 합격한 사람이 받아야 하는 법정교육시간은?

① 4시간
② 8시간
③ 12시간
④ 16시간

해설) 화물운송종사자격시험에 합격한 사람은 8시간 동안 화물자동차운수사업법령 및 도로관계법령, 교통안전에 관한 사항, 화물취급요령에 관한 사항, 자동차 응급처치방법, 운송서비스에 관한 사항에 대하여 교육을 받아야 한다.

핵심문제 63

화물운송종사자격증의 재발급 요건이 아닌 것은?

① 자격증이 정지된 경우
② 자격증 기재사항에 착오가 있는 경우
③ 자격증이 헐어서 못쓰게 된 경우
④ 자격증을 분실한 경우

해설) 운송사업자는 화물자동차 운송사업 허가증의 기재 내용이 변경되었을 때에는 관할관청에 변경을 신청하여야 한다. 운송사업자는 화물자동차 운송사업 허가증을 잃어버리거나 헐어 못 쓰게 되어 재발급 받으려는 경우에는 별지 제6호 서식의 허가증 재발급 신청서에 화물자동차 운송사업 허가증(헐어 못 쓰게 된 경우만 해당한다.)을 첨부하여 관할관청에 제출하여야 한다(화물자동차 운수사업법 시행규칙 제8조).

정답 59 ② 60 ② 61 ④ 62 ② 63 ①

핵심문제 64

화물자동차 안 앞면에 게시하도록 되어 있는 화물운송종사자격증명의 게시 위치로 맞는 것은?

① 오른쪽 위
② 왼쪽 위
③ 오른쪽 아래
④ 왼쪽 아래

해설 운송사업자는 화물자동차 운전자에게 화물운송종사자격증명을 화물자동차 밖에서 쉽게 볼 수 있도록 운전석 앞 창의 오른쪽 위에 항상 게시하고 운행하도록 하여야 한다.

핵심문제 65

화물자동차 운전자의 화물운송종사자격이 취소되거나 효력이 정지한 경우 화물운송종사자격증명을 어디에 반납해야 하는가?

① 국토교통부
② 협회
③ 교통안전공단
④ 관할관청

해설 사업의 양도·양수 신고를 하는 경우와 화물자동차 운전자의 화물운송종사자격이 취소되거나 효력이 정지된 경우에는 관할관청에 화물운송종사자격증명을 반납하여야 한다(화물자동차 운수사업법 시행규칙 제18조의10 제3항).

핵심문제 66

화물자동차 운수사업법령에서 정한 협회의 사업에 해당하지 않는 것은?

① 화물자동차 운수사업의 경영개선을 위한 지도
② 경영자와 운수종사자의 교육훈련
③ 조합원이 사업용 자동차를 소유·사용·관리하는 동안에 생긴 손해 보상사업
④ 국가나 지방자치단체로부터 위탁받은 업무

해설 조합원이 사업용 자동차를 소유·사용·관리하는 동안에 생긴 손해 보상사업은 공제조합사업에 해당한다. 협회의 사업은 다음과 같다(화물자동차 운수사업법 제49조).
- 화물자동차 운수사업의 건전한 발전과 운수사업자의 공동이익을 도모하는 사업
- 화물자동차 운수사업의 진흥 및 발전에 필요한 통계의 작성 및 관리, 외국 자료의 수집·조사 및 연구사업
- 경영자와 운수종사자의 교육훈련
- 화물자동차 운수사업의 경영개선을 위한 지도
- 이 법에서 협회의 업무로 정한 사항
- 국가나 지방자치단체로부터 위탁받은 업무
- 제1호부터 제5호까지의 사업에 따르는 업무

핵심문제 67

화물자동차 운수사업법령에서 정한 공제조합의 사업에 해당하지 않는 것은?

① 조합원의 사업용 자동차의 사고로 생긴 배상 책임 및 적재물배상에 대한 공제
② 경영자와 운수종사자의 교육훈련
③ 조합원이 사업용 자동차를 소유·사용·관리하는 동안 발생한 사고로 그 자동차에 생긴 손해에 대한 공제
④ 운수종사자가 조합원의 사업용 자동차를 소유·사용·관리하는 동안에 발생한 사고로 입은 자기 신체의 손해에 대한 공제

해설 경영자와 운수종사자의 교육훈련은 협회의 사업에 해당한다. 공제조합의 사업은 다음과 같다(화물자동차 운수사업법 제51조의6).
- 조합원의 사업용 자동차의 사고로 생긴 배상 책임 및 적재물배상에 대한 공제
- 조합원이 사업용 자동차를 소유·사용·관리하는 동안 발생한 사고로 그 자동차에 생긴 손해에 대한 공제
- 운수종사자가 조합원의 사업용 자동차를 소유·사용·관리하는 동안에 발생한 사고로 입은 자기 신체의 손해에 대한 공제
- 공제조합에 고용된 자의 업무상 재해로 인한 손실을 보상하기 위한 공제
- 공동이용시설의 설치·운영 및 관리, 그 밖에 조합원의 편의 및 복지 증진을 위한 사업
- 화물자동차 운수사업의 경영 개선을 위한 조사·연구 사업
- 제1호부터 제6호까지의 사업에 딸린 사업으로서 정관으로 정하는 사업

정답 64 ① 65 ④ 66 ③ 67 ②

핵심문제 68

화물자동차 운수사업법상 국토교통부장관의 허가를 얻어 운수사업자의 자동차사고로 인한 손해배상 책임의 보장사업을 할 수 있는 자는?

① 특별시장, 광역시장
② 운수사업자가 설립한 협회 및 연합회
③ 한국도로공사
④ 도로교통공단

해설 운수사업자가 설립한 협회 및 연합회는 국토교통부장관의 허가를 받아 운수사업자의 자동차사고로 인한 손해배상 책임의 보장사업 및 적재물배상 공제사업 등을 할 수 있다(화물자동차 운수사업법 제51조 제1항).

핵심문제 69

화물자동차 운전자에게 최고속도 제한장치 또는 운행기록계가 정상적으로 작동되지 않는 상태에서 운행하도록 한 경우 일반화물자동차 운송사업자에 대한 과징금은 얼마인가?

① 5만 원
② 10만 원
③ 20만 원
④ 60만 원

해설 화물자동차 운수사업법 시행규칙 별표 3에 따라 화물자동차 운전자에게 최고속도 제한장치 또는 운행기록계가 정상적으로 작동되지 않는 상태에서 운행하도록 한 경우 일반화물은 20만 원, 개별화물은 10만 원, 용달은 10만 원, 화물자동차운송가맹사업은 20만 원의 과징금이 부과된다.

핵심문제 70

화물자동차 운전자의 취업현황, 퇴직현황을 보고하지 않거나 거짓으로 보고한 경우에 부과되는 과징금으로 틀린 것은?

① 일반 화물자동차 운송사업 : 20만 원
② 개별 화물자동차 운송사업 : 20만 원
③ 용달 화물자동차 운송사업 : 10만 원
④ 화물자동차 운송가맹사업 : 10만 원

해설 화물자동차 운수사업법 시행규칙 별표 3에 따라 화물자동차 운전자의 취업현황, 퇴직현황을 보고하지 않거나 거짓으로 보고한 경우 일반화물은 20만 원, 개별화물은 10만 원, 용달은 10만 원, 화물자동차운송가맹사업은 10만 원의 과징금이 부과된다.

핵심문제 71

적재된 화물의 이탈을 방지하기 위한 덮개ㆍ포장ㆍ고정장치 등을 하지 않고 운행한 경우 개별화물자동차 운송사업자에 대한 과징금은 얼마인가?

① 10만 원
② 20만 원
③ 30만 원
④ 40만 원

해설 화물자동차 운수사업법 시행규칙 별표 3에 따라 적재된 화물의 이탈을 방지하기 위한 덮개ㆍ포장ㆍ고정장치 등을 하지 않고 운행한 경우 일반화물은 20만 원, 개별화물은 10만 원, 용달은 10만 원, 화물자동차운송가맹사업은 20만 원의 과징금이 부과된다.

핵심문제 72

차고지와 지방자치단체의 조례로 정하는 시설 및 장소가 아닌 곳에서 밤샘주차한 경우 일반화물자동차 운송사업자에 대한 과징금은 얼마인가?

① 50만 원
② 40만 원
③ 30만 원
④ 20만 원

해설 화물자동차 운수사업법 시행규칙 별표 3에 따라 차고지와 지방자치단체의 조례로 정하는 시설 및 장소가 아닌 곳에서 밤샘주차한 경우 일반화물은 20만 원, 개별화물은 10만 원, 화물자동차운송가맹사업은 20만 원의 과징금이 부과된다.

정답 68 ② 69 ③ 70 ② 71 ① 72 ④

핵심문제 73

화주로부터 부당한 운임 및 요금의 환급을 요구받고 환급하지 않은 경우 일반화물자동차 운송사업자에 대한 과징금은 얼마인가?

① 20만 원
② 30만 원
③ 40만 원
④ 50만 원

해설 화물자동차 운수사업법 시행규칙 별표 3에 따라 화주로부터 부당한 운임 및 요금의 환급을 요구받고 환급하지 않은 경우 일반화물은 30만 원, 개별화물은 15만 원, 용달은 15만 원, 화물자동차운송가맹사업은 30만 원의 과징금이 부과된다.

핵심문제 74

자동차관리법에 규정된 내용이 아닌 것은?

① 자동차의 등록
② 자동차의 안전기준
③ 자동차의 검사
④ 자동차의 통행방법

해설 자동차의 통행방법은 도로교통법 제3장에 규정되어 있다.

핵심문제 75

제작연도에 등록되지 아니한 자동차의 차령기산일이 맞는 것은?

① 제작연도의 초일
② 제작일
③ 제작연도의 말일
④ 최초 신규등록일

해설 제작연도에 등록된 자동차는 최초의 신규등록일을, 제작연도에 등록되지 아니한 자동차는 제작연도의 말일을 차령기산일로 한다(자동차관리법 시행령 제3조).

핵심문제 76

A가 산 자동차의 제작일은 2014년 4월 23일인데, A는 이 자동차를 2015년 1월 15일 등록하였다. 이 자동차의 차령기산일은?

① 2014년 4월 23일
② 2014년 12월 31일
③ 2015년 1월 15일
④ 2015년 12월 31일

해설 제작연도는 2014년인데 등록이 2015년이면 제작연도에 등록되지 아니한 자동차에 해당하므로 2014년 말일이 차령기산일이 된다.

핵심문제 77

제작연도에 등록된 자동차의 차령기산일로 맞는 것은?

① 최초의 신규등록일
② 최초의 이전등록일
③ 최초의 변경등록일
④ 최초의 제작연도 말일

해설 제작연도에 등록된 자동차는 최초의 신규등록일을 차령기산일로 한다(자동차관리법 시행령 제3조 제1호).

정답 73 ② 74 ④ 75 ③ 76 ② 77 ①

핵심문제 78

무면허 운전에 해당되는 경우가 아닌 것은?

① 면허정지 기간 중에 운전하는 경우
② 면허 있는 자가 도로에서 무면허자에게 운전연습을 시킨 경우
③ 시험합격 후 면허증 교부 전에 운전하는 경우
④ 위험물을 운반하는 화물자동차가 적재중량 3톤을 초과함에도 제1종 보통 운전면허로 운전한 경우

해설 면허 있는 자가 도로에서 무면허자에게 운전연습을 시키던 도중 사고를 야기한 경우가 무면허 운전에 해당한다.

핵심문제 79

자동차등록원부에 등록하지 않은 상태에서 자동차를 운행할 수 있는 경우는?

① 관계기관에 신고한 경우
② 법적 승인을 마친 경우
③ 자동차검사에 합격한 경우
④ 임시운행허가를 얻어 허가 기간 내에 운행하는 경우

해설 자동차(이륜자동차는 제외한다.)는 자동차등록원부에 등록한 후가 아니면 이를 운행할 수 없다. 다만, 임시운행허가를 받아 허가 기간 내에 운행하는 경우에는 그러하지 아니하다(자동차관리법 제5조).

핵심문제 80

A는 자동차를 등록하여 소유하다가 B에게 팔았다. 다음 중 어떤 등록절차를 거쳐야 하는가?

① 이전등록
② 변경등록
③ 신규등록
④ 말소등록

해설 등록된 자동차를 양수받는 자는 대통령령으로 정하는 바에 따라 시·도지사에게 자동차 소유권의 이전등록을 신청하여야 한다(자동차관리법 제12조 제1항).

핵심문제 81

자동차 등록에 관한 설명 중 틀린 것은?

① 등록된 자동차를 양수받은 자는 자동차 소유권의 변경등록을 신청하여야 한다.
② 자동차 해체 재활용업자에게 폐차를 요청한 경우에는 말소등록을 하여야 한다.
③ 말소등록 신청 시 자동차등록증, 자동차등록번호판 및 봉인을 반납하여야 한다.
④ 임시운행허가를 받은 경우에는 자동차등록원부에 등록하기 전에도 운행할 수 있다.

해설 등록된 자동차를 양수받는 자는 대통령령으로 정하는 바에 따라 시·도지사에게 자동차 소유권의 이전등록을 신청하여야 한다(자동차관리법 제12조 제1항).

핵심문제 82

자동차 튜닝검사 신청서류가 아닌 것은?

① 보험가입증명서
② 튜닝 전후의 주요재원대비표
③ 자동차등록증
④ 튜닝하고자 하는 구조·장치의 설계도

해설 자동차의 튜닝 신청서류(자동차관리법 시행규칙 제56조 제1항)
- 자동차등록증
- 구조·장치변경 승인서
- 튜닝 전후의 주요제원대비표
- 튜닝 전후의 자동차외관도(외관의 변경이 있는 경우에 한한다.)
- 튜닝하고자 하는 구조·장치의 설계도

정답 78 ② 79 ④ 80 ① 81 ① 82 ①

핵심문제 83

자동차 튜닝검사를 받고자 하는 자가 자동차검사신청서에 첨부하여 제출해야 할 서류가 아닌 것은?

① 외관 변경을 수반하는 경우 튜닝 전후 자동차의 외관도
② 자동차보험 가입증명서
③ 튜닝 전후 주요제원대비표
④ 튜닝승인신청서

해설 자동차보험 가입증명서는 제출서류에 해당하지 않는다.

핵심문제 84

자동차 사용자가 국토교통부령으로 정하는 항목에 대하여 튜닝을 하려는 경우, 어느 기관의 승인을 얻어야 하는가?

① 국민안전처
② 관할경찰서
③ 화물자동차운송사업협회
④ 교통안전공단

해설 자동차 사용자가 국토교통부령으로 정하는 항목을 튜닝하려면 시장, 군수, 구청장의 위임을 받은 교통안전공단의 승인을 얻어야 한다.

핵심문제 85

자동차관리법에 따른 명령이나 자동차 소유자의 신청을 받아 비정기적으로 실시하는 검사는?

① 정기검사
② 임시검사
③ 신규검사
④ 튜닝검사

해설 자동차관리법 또는 자동차관리법에 따른 명령이나 자동차 소유자의 신청을 받아 비정기적으로 실시하는 검사는 임시검사이다(자동차관리법 제43조 제1항 제4호).
- 신규검사 : 신규등록을 하려는 경우 실시하는 검사
- 정기검사 : 신규등록 후 일정 기간마다 정기적으로 실시하는 검사
- 튜닝검사 : 자동차를 튜닝한 경우에 실시하는 검사
- 수리검사 : 전손 처리 자동차를 수리한 후 운행하려는 경우에 실시하는 검사

핵심문제 86

차령이 2년 초과인 사업용 대형화물자동차의 검사 유효기간은 얼마인가?

① 1개월
② 3개월
③ 6개월
④ 1년

해설 차령이 2년 초과인 사업용 대형화물자동차의 검사 유효기간은 6개월, 2년 이하인 경우에는 1년이다(자동차관리법 시행규칙 별표 15의2).

핵심문제 87

자동차관리법령에 따른 정기검사 미시행에 따른 과태료의 최고 한도금액은 얼마인가?

① 20만 원
② 30만 원
③ 40만 원
④ 50만 원

해설 정기검사를 받아야 하는 기간의 만료일부터 30일 이내인 경우 과태료는 2만원, 정기검사를 받아야 하는 기간의 만료일부터 30일을 초과한 경우 3일 초과 시마다 과태료 1만원이 추가되며, 최고 한도금액은 30만원이다.

정답 83 ② 84 ④ 85 ② 86 ③ 87 ②

핵심문제 88

다음 중 자동차 검사에 대한 설명으로 부적절한 것은?

① 신규등록을 하려는 경우 실시하는 검사를 신규검사라 한다.
② 자동차의 구조 및 장치를 변경한 경우 실시하는 검사를 튜닝검사라 한다.
③ 자동차관리법에 따른 명령이나 자동차 소유자의 신청을 받아 실시하는 검사를 임시검사라 한다.
④ 자동차검사는 교통안전공단이 대행하고 있으나 그 결과의 통지는 대행할 수 없다.

해설 국토교통부장관은 한국교통안전공단을 자동차검사를 대행하는 자로 지정하여 자동차검사와 그 결과의 통지를 대행하게 할 수 있다(자동차관리법 제44조 제1항).

핵심문제 89

자동차 사용 본거지 변동 등의 사유로 자동차 종합검사의 대상이 된 자동차 등 자동차 정기검사의 기간 중에 있는 자동차는 변경등록을 한 날부터 며칠 이내에 자동차 종합검사를 받아야 하는가?

① 32일
② 42일
③ 52일
④ 62일

해설 소유권 변동 또는 사용 본거지 변경 등의 사유로 자동차 종합검사의 대상이 된 자동차 중 자동차 정기검사의 기간 중에 있거나 자동차 정기검사의 기간이 지난 자동차는 변경등록을 한 날부터 62일 이내에 자동차 종합검사를 받아야 한다.

핵심문제 90

자동차등록증에 기재된 자동차 정기검사 유효기간 만료일로부터 30일이 경과한 후 검사를 받아 합격한 경우 과태료는 얼마인가?

① 2만 원
② 3만 원
③ 4만 원
④ 5만 원

해설 자동차 정기검사나 종합검사를 받아야 하는 기간의 만료일부터 30일 이내인 경우 과태료는 2만원, 30일을 초과한 경우 3일 초과 시마다 과태료 1만원이 추가되며, 과태료의 최고한도액은 30만원이다.

핵심문제 91

도로법에 규정된 내용이 아닌 것은?

① 도로에 관한 계획의 수립
② 노선의 지정 또는 인정
③ 자동차의 정기점검
④ 도로의 관리

해설 자동차의 정기점검은 도로법에 규정되지 않았다.

핵심문제 92

도로법령에서 '도로관리청이 도로의 편리한 이용과 안전 및 원활한 도로교통의 확보, 그 밖에 도로의 관리를 위하여 설치하는 시설 또는 공작물'을 무엇이라 하는가?

① 고속국도
② 일반국도
③ 지방도
④ 도로의 부속물

해설 도로법 제2조 제2호에 따른 도로의 부속물에 대한 내용이다.

정답 88 ④ 89 ④ 90 ① 91 ③ 92 ④

핵심문제 93

도로법상 도로가 아닌 것은?

① 인도
② 특별시도
③ 구도
④ 일반국도

 도로법 제10조의 도로
- 고속국도(고속국도의 지선 포함)
- 일반국도(일반국도의 지선 포함)
- 특별시도 · 광역시도
- 지방도
- 시도 · 군도 · 구도

핵심문제 94

도로에서의 금지행위가 아닌 것은?

① 도로를 포장하는 행위
② 도로의 교통에 지장을 끼치는 행위
③ 도로에 장애물을 쌓아놓는 행위
④ 도로를 파손하는 행위

 도로에 관한 금지행위(도로법 제75조)
- 도로를 파손하는 행위
- 도로에 토석, 입목 · 죽(竹) 등 장애물을 쌓아놓는 행위
- 그 밖에 도로의 구조나 교통에 지장을 주는 행위

핵심문제 95

차량의 구조나 적재화물의 특수성으로 인하여 관리청의 운행 허가를 받으려는 자는 신청서를 작성하여 도로관리청에 제출해야 한다. 작성해야 할 신청서에 기재하여야 할 사항이 아닌 것은?

① 운행하려는 도로의 종류 및 노선명
② 하이패스 및 블랙박스 설치 유무
③ 운행구간 및 그 총 연장
④ 운행방법

 도로관리청에 제출하여야 하는 서류(도로법 시행령 제79조 제4항)
- 운행하려는 도로의 종류 및 노선명
- 운행구간 및 그 총 연장
- 차량의 제원(諸元)
- 운행기간
- 운행목적
- 운행방법

핵심문제 96

도로구조의 보전과 통행의 안전에 지장이 없다고 인정하여 고시한 도로노선의 경우 화물자동차의 적재용량 높이는 지상으로부터 약 몇 m인가?

① 4.1m
② 4.2m
③ 4.3m
④ 4.4m

 도로관리청이 운행을 제한할 수 있는 차량은 높이가 4미터를 초과하는 차량이지만, 도로구조의 보전과 통행의 안전에 지장이 없다고 인정하여 고시한 도로노선의 경우에는 4.2미터까지 가능하다(도로법 시행령 제79조 제2항 제2호).

정답 93 ① 94 ① 95 ② 96 ②

핵심문제 97

도로법령상 도로관리청이 운행을 제한할 수 있는 차량이 아닌 것은?

① 차량의 길이가 17.5m인 차량
② 차량의 폭이 3.0m인 차량
③ 차량의 높이가 3.0m인 차량
④ 차량의 총중량이 42톤인 차량

해설 도로관리청이 운행을 제한할 수 있는 차량(도로법 시행령 제79조)
- 축하중이 10톤을 초과하거나 총중량이 40톤을 초과하는 차량
- 차량의 폭이 2.5미터, 높이가 4.0미터(도로 구조의 보전과 통행의 안전에 지장이 없다고 도로관리청이 인정하여 고시한 도로의 경우에는 4.2미터), 길이가 16.7미터를 초과하는 차량
- 도로관리청이 특히 도로 구조의 보전과 통행의 안전에 지장이 있다고 인정하는 차량

핵심문제 98

도로관리청이 광역시장 또는 도지사인 경우 자동차전용도로를 지정하고자 할 때는 누구의 의견을 들어야 하는가?

① 관할경찰서장
② 관할지방경찰청장
③ 경찰청장
④ 행정자치부장관

해설 자동차전용도로를 지정할 때에는 도로관리청이 국토교통부장관이면 경찰청장, 특별시장·광역시장·도지사 또는 특별자치도지사이면 관할지방경찰청장, 특별자치시장·시장·군수 또는 구청장이면 관할경찰서장의 의견을 각각 들어야 한다.

핵심문제 99

도로관리청이 국토교통부장관인 경우 자동차전용도로를 지정하고자 할 때는 누구의 의견을 들어야 하는가?

① 행정안전부 장관
② 경찰청장
③ 관할지방검찰청장
④ 관할경찰서장

해설 자동차전용도로를 지정하는 도로관리청은 다음에 따라 경찰청장 등의 의견을 들어야 한다(도로법 제48조 제3항).
- 도로관리청이 국토교통부장관인 경우 : 경찰청장
- 도로관리청이 특별시장·광역시장·도지사 또는 특별자치도지사인 경우 : 관할지방경찰청장
- 도로관리청이 특별자치시장, 시장·군수 또는 구청장인 경우 : 관할경찰서장

핵심문제 100

대기환경보전법령에 따른 '자동차에서 배출되는 대기오염물질을 줄이기 위하여 자동차에 부착 또는 교체하는 장치로서 환경부령으로 정하는 저감효율에 적합한 장치'를 무엇이라 하는가?

① 저공해엔진
② 저공해자동차
③ 배출가스저감장치
④ 친환경자동차

해설 대기환경보전법 제2조 제17호에 따른 배출가스저감장치에 대한 내용이다.
- 저공해엔진 : 자동차에서 배출되는 대기오염물질을 줄이기 위한 엔진(엔진 개조에 사용하는 부품을 포함한다.)으로서 환경부령으로 정하는 배출허용기준에 맞는 엔진
- 저공해자동차 : 대기오염물질의 배출이 없는 자동차 또는 제작차의 배출 허용기준보다 오염물질을 적게 배출하는 자동차
- 친환경자동차 : 오염물질의 배출을 줄이고 에너지를 절약할 수 있는 자동차

핵심문제 101

대기환경보전법상 용어의 정의 중 연소할 때에 생기는 유리(遊離) 탄소가 주가 되는 미세한 입자상 물질은?

① 액체성 물질
② 온실가스
③ 매연
④ 먼지

해설 대기환경보전법 제2조 제7호에 따른 매연이란 연소할 때에 생기는 유리(遊離) 탄소가 주가 되는 미세한 입자상 물질을 말한다.

정답 97 ③ 98 ② 99 ② 100 ③ 101 ③

핵심문제 102

대기환경보전법의 목적에 해당되지 않는 것은?

① 대기오염으로 인한 국민건강 및 환경상의 위해를 예방하기 위함
② 대기환경을 적정하고 지속 가능하게 관리·보전하기 위함
③ 모든 국민이 건강하고 쾌적한 환경에서 생활할 수 있게 하기 위함
④ 차량 소음발생 방지장치 장착을 유도하기 위함

해설 대기환경보전법은 대기오염으로 인한 국민건강이나 환경에 관한 위해(危害)를 예방하고, 대기환경을 적정하고 지속 가능하게 관리·보전하여 모든 국민이 건강하고 쾌적한 환경에서 생활할 수 있게 하는 것을 목적으로 한다(대기환경보전법 제1조).

핵심문제 103

대기환경보전법령에 따른 "대기 중에 떠다니거나 흩날려 내려오는 입자상 물질"을 무엇이라 하는가?

① 가스　　　　　　　　　　　　　② 먼지
③ 검댕　　　　　　　　　　　　　④ 매연

해설 대기환경보전법 제2조 제6호에 따른 먼지란 대기 중에 떠다니거나 흩날려 내려오는 입자상 물질을 말한다.

핵심문제 104

시·도지사가 대기질 개선을 위하여 필요하다고 인정하여 그 지역에서 운행하는 자동차 중 일정 요건을 갖춘 자동차 소유자에게 권고하는 조치에 해당하지 않는 것은?

① 저공해자동차로의 전환　　　　　② 배출가스저감장치의 부착
③ 저공해엔진으로의 개조　　　　　④ 원동기장치자전거 구매

해설 시·도지사는 대기질 개선을 위해 일정 요건을 충족하는 자동차 소유자에게 저공해자동차로의 전환 또는 개조, 배출가스저감장치의 부착 또는 교체 및 배출가스 관련 부품의 교체, 저공해엔진(혼소엔진을 포함)으로의 개조 또는 교체를 권고할 수 있다(대기환경보전법 제58조 제1항).

핵심문제 105

시·도지사의 저공해자동차로의 전환명령을 이행하지 않은 차에 대한 처벌기준은?

① 300만 원 이하의 과태료　　　　② 400만 원 이하의 과태료
③ 500만 원 이하의 과태료　　　　④ 600만 원 이하의 과태료

해설 저공해자동차로의 전환 또는 개조 명령, 배출가스저감장치의 부착·교체 명령 또는 배출가스 관련 부품의 교체명령, 저공해엔진(혼소엔진을 포함)으로의 개조 또는 교체 명령을 이행하지 아니한 자에게는 300만 원 이하의 과태료를 부과할 수 있다(대기환경보전법 제94조 제3항 제4호).

핵심문제 106

시·도지사가 공회전 제한장치의 부착을 명령할 수 있는 대상 화물차량의 최대 적재량 기준은?

① 1.5톤 이상　　　　　　　　　　② 1톤 이상
③ 1.5톤 이하　　　　　　　　　　④ 1톤 이하

해설 시·도지사는 화물자동차 운송사업에 사용되는 최대적재량 1톤 이하인 밴형 화물자동차로서 택배용으로 사용되는 자동차에 대하여 시·도 조례에 따라 공회전 제한장치의 부착을 명령할 수 있다(대기환경보전법 제59조 제2항).

정답　102 ④　103 ②　104 ④　105 ①　106 ④

02 화물 취급 요령

핵심이론

01 운송장의 기능
계약서, 화물인수증, 운송요금 영수증, 정보처리 기본자료, 배달에 대한 증빙(배송에 대한 증거서류 기능), 수입금 관리자료, 행선지 분류정보 제공(작업지시서 기능)

02 운송장 번호의 조건
상당 기간이 지나도 중복되는 번호가 발생하지 않도록 충분한 자릿수가 확보되어야 함

03 운송장에 기록되어야 할 사항
- 화물명과 수량
- 수하인의 주소, 성명 및 전화번호
- 운송장 번호와 바코드

04 도착지 코드
- 코드는 가급적 육안 식별이 가능하도록 2~3단위 정도로 정하는 것이 좋음
- 화물이 도착할 터미널 및 배달할 장소를 기록
- 화물을 분류할 때에 식별을 용이하게 하기 위해 코드화 작업이 필요함

05 송하인의 기재사항
송하인의 주소, 성명(또는 상호) 및 전화번호, 수하인의 주소, 성명, 전화번호(거주지 또는 핸드폰 번호), 물품의 품명, 수량, 가격, 특약사항 약관설명 확인필 자필서명, 파손품 또는 냉동 부패성 물품의 경우 면책확인서(별도 양식) 자필서명 등을 기재

06 집하담당자의 기재사항
접수일자, 발송점, 도착점, 배달 예정일, 운송료, 집하자 성명 및 전화번호, 수하인용 송장상의 좌측 하단에 총수량 및 도착점 코드, 기타 물품의 운송에 필요한 사항

07 운송장 기재 시 유의사항
- 발송점의 코드가 정확히 기재되었는지 확인
- 수하인의 주소 및 전화번호가 맞는지 재차 확인
- 특약사항을 고객에게 고지한 후 약관설명 확인필에 서명을 받을 것
- 화물 인수 시 적합성 여부를 확인한 후, 고객이 직접 운송장 정보를 기입하도록 할 것

08 고가품 배송을 의뢰한 고객의 운송장 기재 시 유의사항
- 고가품목의 물품가격을 정확히 확인하여 기재
- 고가품목의 내용물이 확인되지 않도록 별도의 박스로 이중포장
- 고가품목 배송에 대한 할증료를 청구
- 할증료를 거절한 경우에는 특약사항을 설명하고 보상한도에 대해 서명을 받을 것

09 운송장 부착 위치
운송장은 물품박스의 정중앙 상단에 뚜렷하게 보이도록 부착

10 택배운송장 부착요령
- 취급주의 스티커는 운송장 바로 우측 옆에 붙여서 눈에 띄게 할 것
- 기존에 사용하던 박스를 그대로 사용할 때는 구 운송장은 반드시 제거하고 새로운 운송장을 부착하여 1개의 화물에 2개의 운송장이 부착되지 않도록 할 것
- 박스물품이 아닌 경우에는 운송장이 떨어지지 않도록 테이프 등을 이용하여 바코드가 가려지지 않도록 부착할 것

11 개장
물품 개개의 포장을 의미하는 것. 이는 물품의 상품가치를 높이기 위해 또는 물품 개개를 보호하기 위해 적절한 재료, 용기 등으로 물품을 포장하는 방법 및 포장한 상태로, 낱개포장(단위포장)이라고도 함

12 포장방법
- 완충포장 : 물품을 운송 또는 하역하는 과정에서 발생하는 진동이나 충격에 의한 물품파손을 방지하고, 외부로부터의 힘이 직접 물품에 가해지지 않도록 외부압력을 완화시키는 포장방법
- 진공포장 : 밀봉 포장된 상태에서 공기를 빨아들여 밖으로 뽑아버림으로써 물품의 변질, 내용물의 활성화 등을 방지하는 것을 목적으로 하는 포장방법

13 화물더미에서 작업 시 주의사항
- 화물더미 위로 오르고 내릴 때에는 안전한 승강시설을 이용
- 화물더미의 한쪽 가장자리에서 작업할 때에는 붕괴 등 안전사고가 발생하지 않도록 주의
- 화물더미에 오르내릴 때에는 화물의 쏠림이 발생하지 않도록 할 것
- 화물더미의 상층과 하층에서는 동시에 작업을 하지 않을 것

14 화물더미의 화물 출하 시 작업요령
화물더미의 화물을 출하할 때에는 위에서부터 순차적으로 층계를 지으면서 헐어내야 하며, 상층과 하층에서 동시에 작업하지 않고, 화물더미의 중간에서 화물을 뽑아내거나 직선으로 깊이 파내는 작업을 해서는 안 됨

15 화물의 길이와 크기가 일정하지 않을 경우의 적재방법
큰 화물 위에 작은 화물을 놓아야 하며, 길이가 고르지 못하면 한쪽 끝이 맞도록 할 것

16 동일 컨테이너에 수납하지 말아야 할 화물
- 부식작용이 일어나거나 기타 물리적 화학작용이 일어날 염려가 있는 화물
- 품명이 틀린 위험물 또는 위험물과 위험물 이외의 화물이 상호작용하여 발열 및 가스를 발생시키는 화물
- 포장 및 용기가 파손되어 있거나 불완전한 화물

17 주유취급소의 위험물 취급기준
자동차에 주유할 때는 자동차 등의 원동기를 정지시키고, 유분리 장치에 고인 유류는 넘치지 아니하도록 수시로 퍼내어야 하며, 정당한 이유 없이 다른 자동차 등을 그 주유취급소 안에 주차시켜서는 안 됨

18 독극물이 들어있는 용기의 관리법
- 쓰러지거나 미끄러지거나 튀지 않도록 철저히 고정
- 독극물이 들어 있는 용기를 굴리면 내용물이 새거나 쏟아져 나올 수 있으므로 매우 위험함
- 독극물이 새거나 엎질러졌을 때는 신속히 제거할 수 있는 안전한 조치를 하여 놓을 것
- 독극물 저장소, 드럼통, 용기, 배관 등은 내용물을 알 수 있도록 확실하게 표시하여 놓을 것

19 파렛트 화물의 붕괴 방지 요령
- 박스테두리 방식 : 파렛트에 테두리를 붙이는 박스 파렛트와 같은 형태
- 스트레치 방식 : 스트레치 포장기를 사용하여 플라스틱 필름을 파렛트 화물에 감아 움직이지 않게 하는 방법
- 밴드걸기 방식 : 나무상자를 파렛트에 쌓는 경우의 붕괴 방지에 많이 사용되는 방법
- 완충포장 방식 : 물품을 운송 또는 하역하는 과정에서 발생하는 진동이나 충격에 의한 물품파손을 방지하고, 외부로부터의 힘이 직접 물품에 가해지지 않도록 외부압력을 완화시키는 포장방법

20 화물의 인수요령
- 집하 자제품목 및 집하 금지품목(화약류 및 인화물질 등 위험물)의 경우는 그 취지를 알리고 양해를 구한 후 정중히 거절
- 두 개 이상의 화물을 하나의 화물로 밴딩처리한 경우에는 반드시 고객에게 파손 가능성을 설명하고 별도로 포장하여 각각 운송장 및 보조송장을 부착하여 집하
- 운송인의 책임은 물품을 인수하고 운송장을 교부한 시점부터 발생

21 중량물과 경량물을 함께 적재할 경우의 방법
중량물은 하단에, 경량물은 상단에 적재

22 김치, 젓갈, 한약류 등 수량에 비해 포장이 약한 경우는 오손사고의 원인에 해당

23 오배달사고의 원인
- 수령인이 없을 때 임의장소에 화물을 두고 간 후 미확인한 경우
- 수령인의 신분 확인 없이 화물을 인계한 경우

24 지연배달사고의 원인
- 사전에 배송연락 미실시로 제3자가 수취한 후 전달이 늦어지는 경우
- 당일 배송되지 않는 화물에 대한 관리가 미흡한 경우
- 제3자에게 전달한 후 원래 수령인에게 받은 사람을 미통지한 경우
- 집하 부주의, 터미널 오분류로 터미널 오착 및 잔류되는 경우

25 특수장비차(특장차)의 종류
탱크차, 덤프차, 믹서자동차, 위생자동차, 소방차, 레커차, 냉동차, 트럭크레인, 크레인붙이트럭 등

26 한국산업표준(KS)에 따른 화물자동차
- 캡오버엔진트럭 : 원동기의 전부 또는 대부분이 운전실의 아래쪽에 있는 트럭
- 밴 : 상자형 화물실을 갖추고 있는 트럭으로, 지붕이 없는 것(오픈 톱형)도 포함
- 레커차 : 크레인 등을 갖추고 고장차의 앞 또는 뒤를 매달아 올려서 수송하는 특수 장비 자동차
- 냉장차 : 수송물품을 냉각제를 사용하여 냉장하는 설비를 갖추고 있는 특수 용도 자동차

27 세미 트레일러(Semi trailer)
총 하중의 일부분이 견인하는 자동차에 의해서 지탱되도록 설계된 트레일러

28 풀 트레일러(Full trailer)
차량 자체의 중량과 화물의 모든 중량을 전후 차축만으로 지탱할 수 있는 구조를 가진 차량

29 폴 트레일러(Pole trailer)
트랙터에 장치된 턴테이블에 폴 트레일러용 트랙터를 연결하고 턴테이블에 화물을 고정하여 수송하는 방식을 가진 차량

30 구조 형상에 따른 트레일러의 종류
평상식(Flat bed, platform and straight-frame trailer), 저상식(Low bed trailer), 중저상식(Drop bed trailer), 스켈레탈(Skeletal trailer), 밴(Van trailier), 오픈 톱(Open top trailer), 특수용도 트레일러로 구분

31 전용 특장차
덤프트럭, 믹서차량, 벌크차량(분립체 수송차), 액체 수송차, 냉동차 등

32 합리화 특장차
실내하역기기 장비차, 측방 개폐차, 쌓기·부리기 합리화차, 시스템 차량

33 스태빌라이저 차량
보디에 스태빌라이저를 장치하고 수송 중의 화물이 무너지는 것을 방지할 목적으로 개발된 것

34 이사화물의 인수가 사업자의 귀책사유로 약정된 인수일시로부터 2시간 이상 지연된 경우 이사화물 표준약관상 고객은 계약을 해제하고 이미 지급한 계약금액의 반환 및 계약금 6배액의 손해배상을 청구할 수 있음

35 이사화물 표준약관
- 이사화물의 일부 멸실 또는 훼손에 대한 사업자의 손해배상책임은 고객이 이사화물을 인도받은 날로부터 30일 이내에 그 일부 멸실 또는 훼손의 사실을 사업자에게 통지하지 아니하면 소멸
- 이사화물이 운송 중에 멸실, 훼손 또는 연착된 경우 사업자는 고객의 요청이 있으면 그 멸실·훼손 또는 연착된 날로부터 1년에 한하여 사고증명서를 발행

36 택배 표준약관
운송물 1포장의 가액이 300만 원을 초과하는 경우는 운송물의 수탁거절 사유가 됨

37 운송장에 인도예정일의 기재가 없는 경우
운송장에 기재된 운송물의 수탁일로부터 인도예정 장소에 따라 일반 지역은 2일, 도서 및 산간벽지 지역은 3일 이내에 운송물을 인도

핵심문제 01

운송장의 기능이 아닌 것은?

① 계약서 기능
② 배달에 대한 증빙 기능
③ 화물인수증 기능
④ 현금영수증 기능

해설 운송장의 기능으로는 계약서, 화물인수증, 운송요금 영수증, 정보처리 기본자료, 배달에 대한 증빙(배송에 대한 증거서류 기능), 수입금 관리자료, 행선지 분류정보 제공(작업지시서 기능)이 있다.

핵심문제 02

스티커형 운송장에 대한 설명으로 틀린 것은?

① 동일 수하인에게 다수의 화물이 배달될 때 운송장에는 간단한 기본적인 내용과 원운송장을 연결시키는 내용만 기록한다.
② 스티커형 운송장은 라벨 프린트기를 설치하고 자체 정보시스템에 운송장 발행시스템 등 별도의 시스템이 필요하다.
③ 화물의 출고정보가 운송회사의 호스트로 전송되어야 하므로 기업고객도 운송장의 출하를 바코드로 스캐닝하는 시스템을 운영해야 한다.
④ 화물에 부착된 스티커형 운송장을 떼어내어 배달표로 사용할 수 있는 운송장도 있다.

해설 ①은 보조운송장에 대한 내용이다. 스티커형 운송장은 운송장 제작비와 전산입력비용을 절약하기 위하여 기업고객과 완벽한 EID(전자문서교환) 시스템이 구축될 수 있는 경우에 이용된다.

핵심문제 03

운송장의 기록에 대한 사항 중 맞지 않는 것은?

① 운송장 번호와 그 번호를 나타내는 바코드는 운송장을 인쇄할 때 기록되기 때문에 운전자가 별도로 기록할 필요는 없다.
② 화물을 인수할 사람의 정확한 이름과 주소와 전화번호를 기록해야 한다.
③ 배송이 어려운 경우를 대비하여 송하인의 전화번호를 반드시 확보하여야 한다.
④ 운송장 번호는 상당 기간이 지나면 중복되어도 상관없다.

해설 운송장 번호는 상당 기간이 지나도 중복되는 번호가 발생하지 않도록 충분한 자릿수가 확보되어야 한다.

핵심문제 04

운송장에 기록되어야 할 사항이 아닌 것은?

① 화물명과 수량
② 운전자의 전자우편주소
③ 수하인의 주소, 성명 및 전화번호
④ 운송장 번호와 바코드

해설 운전자의 전자우편주소는 운송장에 기록되어야 할 사항에 포함되지 않는다.

핵심문제 05

운송장의 항목 중 도착지 코드에 대한 설명으로 맞지 않는 것은?

① 코드는 가급적 육안 식별이 가능하도록 2~3단위 정도로 정하는 것이 좋다.
② 화물이 도착할 배달 장소를 기록한다.
③ 화물을 분류할 때에 식별을 용이하게 하기 위해 코드화 작업이 필요하다.
④ 중간에 경유할 터미널은 기록하지 않는다.

해설 도착지 코드에는 화물이 도착할 터미널 및 배달할 장소를 모두 기록한다.

정답 01 ④ 02 ① 03 ④ 04 ② 05 ④

핵심문제 06

운송장의 기재사항 중 운송물품의 품명, 수량, 물품가격을 기재해야 하는 사람은?

① 수하인
② 송하인
③ 집하담당자
④ 운송담당자

해설 송하인은 송하인의 주소, 성명(또는 상호) 및 전화번호, 수하인의 주소, 성명, 전화번호(거주지 또는 핸드폰 번호), 물품의 품명, 수량, 가격, 특약사항 약관설명 확인필 자필서명, 파손품 또는 냉동 부패성 물품의 경우 면책확인서(별도 양식) 자필서명 등을 기재하야 한다.

핵심문제 07

운송장 기재사항 중 집하담당자의 기재사항이 아닌 것은?

① 물품의 수량
② 운송료
③ 접수일자
④ 발송점

해설 물품의 수량은 송하인의 기재사항이다. 집하담당자의 기재사항은 접수일자, 발송점, 도착점, 배달 예정일, 운송료, 집하자 성명 및 전화번호, 수하인용 송장상의 좌측 하단에 총수량 및 도착점 코드, 기타 물품의 운송에 필요한 사항이다.

핵심문제 08

집하담당자의 운송장 기재사항이 아닌 것은?

① 접수일자, 발송점, 도착점, 배달 예정일
② 운송료
③ 집하자 성명 및 전화번호
④ 물품의 수량, 물품가격

해설 물품의 수량과 가격은 송하인의 기재사항이다.

핵심문제 09

운송장 기재 시 유의사항으로 옳지 않은 것은?

① 발송점의 코드가 정확히 기재되었는지 확인한다.
② 수하인의 주소 및 전화번호가 맞는지 재차 확인한다.
③ 특약사항을 고객에게 고지한 후 약관설명 확인필에 서명을 받는다.
④ 고객서비스 차원에서 인수자가 대신 운송장 정보를 기입하여 인수받는다.

해설 화물 인수 시 적합성 여부를 확인한 후, 고객이 직접 운송장 정보를 기입하도록 하여야 한다.

핵심문제 10

고가품 배송을 의뢰한 고객의 운송장 기재 시 유의사항에 대한 설명으로 틀린 것은?

① 고가품목의 물품가격을 정확히 확인하여 기재한다.
② 박스를 개봉하여 고가품목의 내용물을 철저히 확인한다.
③ 고가품목 배송에 대한 할증료를 청구한다.
④ 할증료를 거절한 경우에는 특약사항을 설명하고 보상한도에 대해 서명을 받는다.

해설 고가품목의 내용물이 확인되지 않도록 별도의 박스로 이중포장하여야 한다.

정답 06 ② 07 ① 08 ④ 09 ④ 10 ②

핵심문제 11

화물에 운송장을 부착하는 방법으로 부적절한 것은?

① 박스 물품이 아닌 쌀, 매트, 카펫 등은 물품의 모서리에 부착한다.
② 운송장 부착은 원칙적으로 접수장소에서 매 건마다 화물에 부착한다.
③ 박스 후면 또는 측면 부착으로 혼동을 주어서는 안 된다.
④ 운송장이 떨어질 우려가 큰 물품은 송하인의 동의를 얻어 포장재에 수하인 주소 혹은 전화번호 등의 필요한 사항을 기재한다.

해설 박스 물품이 아닌 쌀, 매트, 카펫 등에 운송장을 부착할 때에는 물품의 정중앙에 운송장을 부착하여야 한다.

핵심문제 12

운송장 부착에 대한 설명으로 맞는 것은?

① 물품박스 우측 면에 부착한다.
② 물품박스 좌우 모서리에 부착한다.
③ 물품박스 바닥면에 부착한다.
④ 물품박스 정중앙 상단에 부착한다.

해설 운송장은 물품박스의 정중앙 상단에 뚜렷하게 보이도록 부착한다.

핵심문제 13

택배운송장 부착요령으로 맞지 않는 것은?

① 취급주의 스티커는 운송장 바로 우측 옆에 붙여서 눈에 띄게 한다.
② 기존에 사용한 박스를 사용할 때에는 과거 운송장은 폐기하지 않아도 된다.
③ 박스물품이 아닌 경우에는 운송장이 떨어지지 않도록 테이프 등을 이용하여 바코드가 가려지지 않도록 부착한다.
④ 운송장이 떨어질 염려가 있는 경우 송하인의 동의를 얻어 포장 시에 수하인의 주소, 전화번호 등을 기재한다.

해설 기존에 사용하던 박스를 그대로 사용할 때 구 운송장이 그대로 방치되면 물품의 오분류가 발생할 수 있다. 따라서 구 운송장은 반드시 제거하고 새로운 운송장을 부착하여 1개의 화물에 2개의 운송장이 부착되지 않도록 한다.

핵심문제 14

물품 개개의 포장을 의미하는 포장 용어는?

① 내장
② 외장
③ 낱장
④ 개장

해설 물품 개개의 포장을 의미하는 용어는 개장이다. 이는 물품의 상품가치를 높이기 위해 또는 물품 개개를 보호하기 위해 적절한 재료, 용기 등으로 물품을 포장하는 방법 및 포장한 상태로, 낱개포장(단위포장)이라고도 한다.

핵심문제 15

진동이나 충격에 의한 물품파손을 방지하고 외부로부터 힘이 직접 물품에 가해지지 않도록 외부 압력을 완화시키는 포장방법은?

① 진공포장
② 수축포장
③ 완충포장
④ 압축포장

해설 완충포장은 물품을 운송 또는 하역하는 과정에서 발생하는 진동이나 충격에 의한 물품파손을 방지하고, 외부로부터의 힘이 직접 물품에 가해지지 않도록 외부압력을 완화시키는 포장방법이다. 완충포장을 하기 위해서는 물품의 성질, 유통환경 및 포장재료의 완충성능을 고려하여야 한다.

정답 11 ① 12 ④ 13 ② 14 ④ 15 ③

핵심문제 16

물품의 변질, 내용물의 활성화 등을 방지하는 것을 목적으로 하는 포장으로 식품포장 등에 많이 사용되는 포장기법은?

① 완충포장　　　　　　　　　　　② 압축포장
③ 진공포장　　　　　　　　　　　④ 방풍포장

해설 진공포장은 밀봉 포장된 상태에서 공기를 빨아들여 밖으로 뽑아버림으로써 물품의 변질, 내용물의 활성화 등을 방지하는 것을 목적으로 하는 포장방법이다.

핵심문제 17

특별 품목의 포장 시 유의사항으로 맞지 않는 것은?

① 휴대폰 및 노트북 등 고가품의 경우 내용물을 개봉하여 별도의 박스로 포장한다.
② 꿀 등을 담은 병 제품의 경우 가능한 한 플라스틱 병으로 교체한다.
③ 부득이 병으로 집하하는 경우 면책확인서를 받는다.
④ 박스를 좌우에서 들 수 있도록 한 물품의 경우 손잡이 구멍을 테이프로 막아 내용물의 파손을 방지한다.

해설 고가 물품의 경우에는 내용물이 확인되지 않도록 별도의 박스로 이중포장하여야 한다.

핵심문제 18

부패 또는 변질되기 쉬운 물품의 적절한 포장방법은?

① 아이스박스 포장　　　　　　　② 종이박스 포장
③ 삼중 포장　　　　　　　　　　④ 플라스틱 비닐 포장

해설 부패 또는 변질되기 쉬운 물품의 경우 아이스박스를 사용하여 이를 방지할 수 있다.

핵심문제 19

화물더미에서 작업 시 주의사항으로 맞지 않는 것은?

① 화물더미 위로 오르고 내릴 때에는 안전한 승강시설을 이용한다.
② 화물더미의 한쪽 가장자리에서 작업할 때에는 붕괴 등 안전사고가 발생하지 않도록 주의한다.
③ 화물더미에 오르내릴 때에는 화물의 쏠림이 발생하지 않도록 한다.
④ 화물더미의 상층과 하층에서 동시에 작업한다.

해설 상층에서의 사고 시 하층도 위험할 우려가 있으므로, 화물더미의 상층과 하층에서는 동시에 작업을 하지 않아야 한다.

핵심문제 20

창고 내에서 화물을 옮길 때 주의사항으로 맞지 않는 것은?

① 작업안전통로를 충분히 확보한 후 화물을 적재한다.
② 바닥에 물건 등이 놓여 있으면 그냥 넘어 다닌다.
③ 바닥의 기름기나 물기는 즉시 제거하여 미끄럼 사고를 예방한다.
④ 창고의 통로 등에는 장애물이 없도록 조치한다.

해설 바닥에 물건 등이 놓여 있으면 사고가 발생할 수 있으므로 즉시 치운다.

정답　16 ③　17 ①　18 ①　19 ④　20 ②

핵심문제 21

컨베이어를 사용한 화물 이동 시 주의사항으로 맞는 것은?

① 상차용 컨베이어를 이용하여 타이어 등을 상차할 때는 타이어 등이 떨어지는 것을 확인한 후 작업위치를 이동해도 무관하다.
② 작업 시에 컨베이어 운전자는 상호 간 신호를 해서는 안 된다.
③ 컨베이어 주변의 장애물을 치우는 것은 컨베이어 작동 시에만 하여야 한다.
④ 컨베이어 위로는 절대 올라가서는 안 된다.

해설 컨베이어(conveyor) 위로 올라가는 것은 매우 위험한 행동이다.

핵심문제 22

화물더미의 화물을 출하할 경우 작업요령으로 맞는 것은?

① 화물더미 상층과 하층에서 동시에 헐어낸다.
② 화물더미 중간에서 직선으로 깊이 파낸다.
③ 화물더미 중간에서 화물을 뽑아낸다.
④ 화물더미 위에서부터 순차적으로 층계를 지으면서 헐어낸다.

해설 화물더미의 화물을 출하할 때에는 위에서부터 순차적으로 층계를 지으면서 헐어내야 한다. 또한, 상층과 하층에서 동시에 작업해서는 안 되고, 화물더미의 중간에서 화물을 뽑아내거나 직선으로 깊이 파내는 작업을 해서는 안 된다.

핵심문제 23

발판을 활용한 화물 이동 시 주의사항에 대한 설명으로 틀린 것은?

① 발판 자체에 결함이 없는지 확인한다.
② 발판이 움직이지 않게 하기 위해 목마 위에 설치하는 행동을 하여서는 안 된다.
③ 발판을 통행할 때에는 반드시 1명만이 통행토록 한다.
④ 발판 상·하 부위에 고정조치를 철저히 하도록 한다.

해설 발판을 활용한 화물 이동 시 발판이 움직이지 않도록 목마 위에 설치하거나 발판 상·하 부위에 고정조치를 철저히 한다.

핵심문제 24

화물의 하역방법으로 적합하지 않은 것은?

① 높은 곳에 무거운 물건을 적재할 때는 안전모를 착용한다.
② 물건 적재 시 주위에 넘어질 것을 대비하여 위험한 요인을 제거한다.
③ 물품을 적재할 때는 구르거나 무너지지 않도록 받침대나 로프로 묶어야 한다.
④ 별도로 안전통로를 확보할 필요는 없다.

해설 사고를 방지하기 위하여 별도로 안전통로를 충분히 확보하여야 한다.

핵심문제 25

화물의 하역방법에 대한 설명으로 틀린 것은?

① 상자로 된 화물은 취급표지에 따라 다루어야 한다.
② 길이가 고르지 못하면 한쪽 끝이 맞도록 한다.
③ 종류가 다른 것을 적치할 때는 가벼운 것을 밑에 쌓는다.
④ 물품을 야외에 적치할 때에는 밑받침을 하고 덮개로 덮는다.

해설 종류가 다른 것을 적치할 때는 무거운 것을 밑에 쌓는다.

정답 21 ④ 22 ④ 23 ② 24 ④ 25 ③

핵심문제 26

화물의 하역방법으로 틀린 것은?

① 물건 적재 시 주위에 넘어질 것을 대비하여 위험한 요소는 사전에 제거한다.
② 물품을 적재할 때는 구르거나 무너지지 않도록 받침대를 사용하거나 로프로 묶어야 한다.
③ 높은 곳에 적재할 때나 무거운 물건을 적재할 때에는 절대 무리해서는 아니 되며, 안전모를 착용해야 한다.
④ 같은 종류 또는 동일 규격끼리 적재하지 않는다.

> **해설** 화물 적재 시 같은 종류 또는 동일 규격끼리 적재하여야 한다.

핵심문제 27

화물의 길이와 크기가 일정하지 않을 경우의 적재방법 중 옳은 것은?

① 작은 화물 위에 큰 화물을 놓는다.
② 길이가 고르지 못하면 한쪽 끝이 맞도록 한다.
③ 길이에 관계없이 쌓는다.
④ 큰 화물과 작은 화물을 섞어서 쌓는다.

> **해설** 큰 화물 위에 작은 화물을 놓아야 하며, 길이가 고르지 못하면 한쪽 끝이 맞도록 해야 한다.

핵심문제 28

화물의 적재방법에 대한 설명으로 옳은 것은?

① 이동거리가 짧을 경우 결박상태 확인을 생략한다.
② 소화전, 배전함 앞에서 적재한다.
③ 적재물품의 붕괴 여부를 상시 확인한다.
④ 적재중량을 초과하여 적재한다.

> **해설**
> ① 물건을 적재한 후에는 이동거리가 멀든 가깝든 짐이 넘어지지 않도록 로프나 체인 등으로 단단히 묶어야 한다.
> ② 화물을 적재할 때에는 소화전, 배전함 등의 설비 사용에 장애를 주지 않도록 한다.
> ④ 차량에 물건을 적재할 때에는 적재중량을 초과하지 않도록 한다.

핵심문제 29

화물을 차량에 적재하는 방법으로 틀린 것은?

① 적재하중을 초과하지 않도록 한다.
② 화물을 적재할 때 적재함의 난간(문짝 위)에 서서 작업한다.
③ 최대한 무게가 골고루 분산될 수 있도록 한다.
④ 냉동차는 공기가 화물 전체에 통하게 하여 균등한 온도를 유지하도록 한다.

> **해설** 자동차에 화물을 적하할 때 적재함의 난간(문짝 위)에 서서 작업하지 않는다.

핵심문제 30

차량 내 화물 적재방법으로 맞지 않는 것은?

① 정차 시 넘어지지 않도록 질서 있게 정리하여 적재한다.
② 차의 동요로 안정이 파괴되기 쉬운 짐은 결박하지 않는다.
③ 긴 물건을 적재할 때는 적재함 밖으로 나온 부위에 위험표시를 하여 둔다.
④ 둥글고 구르기 쉬운 물건은 상자에 넣어 적재한다.

> **해설** 차의 동요로 안정이 파괴되기 쉬운 짐은 결박을 철저히 하여야 한다.

정답 26 ④ 27 ② 28 ③ 29 ② 30 ②

핵심문제 31

동일 컨테이너에 수납하지 말아야 할 화물이 아닌 것은?

① 위험물 이외의 화물과 목재 화물
② 부식작용이 일어나거나 기타 물리적 화학작용이 일어날 염려가 있는 화물
③ 품명이 틀린 위험물 또는 위험물과 위험물 이외의 화물이 상호작용하여 발열 및 가스를 발생시키는 화물
④ 포장 및 용기가 파손되어 있거나 불완전한 화물

해설 품명이 틀린 위험물 또는 위험물과 위험물 이외의 화물이 상호작용하여 발열 및 가스를 발생시키거나 부식작용 또는 기타 물리적 화학작용이 일어날 염려가 있을 때에는 동일 컨테이너에 수납해서는 안 된다.

핵심문제 32

주유취급소의 위험물 취급기준으로 맞는 것은?

① 자동차에 주유할 때는 고정주유설비를 사용하여 직접 주유한다.
② 자동차에 주유할 때는 자동차의 출력을 낮춘다.
③ 유분리 장치에 고인 유류는 충분히 넘치도록 하여야 한다.
④ 자동차에 주유할 때는 다른 자동차를 주유취급소 안에 주차시켜야 한다.

해설 자동차에 주유할 때는 자동차 등의 원동기를 정지시키고, 유분리 장치에 고인 유류는 넘치지 아니하도록 수시로 퍼내어야 하며, 정당한 이유 없이 다른 자동차 등을 그 주유취급소 안에 주차시켜서는 안 된다.

핵심문제 33

독극물을 운반할 때의 방법으로 적절하지 않은 것은?

① 독극물의 취급 및 운반은 거칠게 다루지 않는다.
② 독극물이 들어 있는 용기는 손으로 직접 다루지 말고, 굴려서 운반한다.
③ 취급불명의 독극물은 함부로 다루지 않는다.
④ 도난방지를 위해 보관을 철저히 한다.

해설 독극물을 취급하거나 운반할 때는 소정의 안전한 용기, 도구, 운반구 및 운반차를 이용하여야 한다.

핵심문제 34

독극물 취급 시 주의사항으로 적절하지 않은 것은?

① 독극물의 적재 및 적하 작업 전에는 주차 브레이크를 사용하여 차량이 움직이지 않도록 할 것
② 독극물 저장소, 드럼통 등은 내용물을 알 수 없도록 포장할 것
③ 취급 불명의 독극물을 함부로 취급하지 말 것
④ 독극물이 들어 있는 용기는 마개를 단단히 닫고 빈 용기와 확실하게 구별하여 넣을 것

해설 독극물 저장소, 드럼통, 용기, 배관 등은 내용물을 알 수 있도록 확실하게 표시하여야 한다.

정답 31 ① 32 ① 33 ② 34 ②

핵심문제 35

독극물 취급 시 주의사항으로 적절하지 않은 것은?

① 독극물 저장소, 드럼통, 용기, 배관 등은 내용물을 알 수 있도록 확실하게 표시하여 놓는다.
② 독극물이 들어 있는 용기는 마개를 단단히 닫고 빈 용기와 확실하게 구별하여 놓는다.
③ 도난방지 및 오용(誤用) 방지를 위해 보관을 철저히 한다.
④ 만약 독극물이 새거나 엎질러졌을 때는 안전을 위하여 독성이 사라지도록 일정 시간이 지난 후 처리한다.

 독극물이 새거나 엎질러졌을 때는 신속히 제거할 수 있는 안전한 조치를 하여야 한다.

핵심문제 36

파렛트(Pallet) 화물의 붕괴를 방지하기 위한 방식이 아닌 것은?

① 박스테두리 방식
② 스트레치 방식
③ 밴드걸기 방식
④ 완충포장 방식

 파렛트 화물의 붕괴 방지 요령
- 박스테두리 방식 : 파렛트에 테두리를 붙이는 박스 파렛트와 같은 형태
- 스트레치 방식 : 스트레치 포장기를 사용하여 플라스틱 필름을 파렛트 화물에 감아 움직이게 하는 방법
- 밴드걸기 방식 : 나무상자를 파렛트에 쌓는 경우의 붕괴 방지에 많이 사용되는 방법

핵심문제 37

화물의 포장과 포장 사이에 미끄럼이 발생하지 않도록 조치하여 파렛트 화물의 붕괴를 방지하는 방식은?

① 슬립 멈추기 시트삽입 방식
② 밴드걸기 방식
③ 풀 붙이기 접착방식
④ 주연어프 방식

 슬립 멈추기 시트삽입 방식은 포장과 포장 사이에 미끄럼을 멈추는 시트를 넣음으로써 안전을 도모하는 방법으로, 부대화물에는 효과가 있으나 상자는 진동하면 튀어 오르기 쉽다는 문제가 있다.

핵심문제 38

파렛트 화물의 붕괴를 방지하기 위한 요령 중 풀붙이기와 밴드걸기의 병용 방식은?

① 슈링크 방식
② 박스 테두리 방식
③ 수평 밴드걸기 풀붙이기 방식
④ 스트래치 방식

 수평 밴드걸기 풀붙이기 방식은 풀붙이기와 밴드걸기를 병용한 방식으로, 화물의 붕괴를 방지하는 효과를 한층 더 높이는 방법이다.

핵심문제 39

파렛트 화물 붕괴방지 요령 중 화물 적재 시 파렛트의 가장자리를 높게 하여 포장화물을 안쪽으로 기울여 화물이 갈라지는 것을 방지하는 방식은?

① 밴드걸기 방식
② 주연어프 방식
③ 슬립 멈추기 시트삽입 방식
④ 풀 붙이기 접착 방식

주연어프 방식은 파렛트의 가장자리를 높게 하여 포장화물을 안쪽으로 기울여 화물이 갈라지는 것을 방지하는 방법으로서 부대화물 따위에 효과가 있다. 주연어프 방식만으로 화물이 갈라지는 것을 방지하기는 어려우므로 다른 방법과 병용하여 안전을 확보하는 것이 효율적이다.

정답 35 ④ 36 ④ 37 ① 38 ③ 39 ②

핵심문제 40

화물의 인수요령으로 옳은 것은?

① 집하 자제품목은 고객이 요구하면 서비스 차원에서 인수한다.
② 전화로 물품을 접수받을 때 반드시 집하 가능한 일자와 배송요구일자를 확인한다.
③ 두 개 이상의 화물을 하나의 화물로 밴딩처리한 경우에는 수축포장한다.
④ 운송인의 책임은 물품을 인수하기 전 배차를 받은 시점부터 발생한다.

해설 ① 집하 자제품목 및 집하 금지품목(화약류 및 인화물질 등 위험물)의 경우는 그 취지를 알리고 양해를 구한 후 정중히 거절한다.
③ 두 개 이상의 화물을 하나의 화물로 밴딩처리한 경우에는 반드시 고객에게 파손 가능성을 설명하고 별도로 포장하여 각각 운송장 및 보조송장을 부착하여 집하한다.
④ 운송인의 책임은 물품을 인수하고 운송장을 교부한 시점부터 발생한다.

핵심문제 41

화물의 인수요령으로 맞는 것은?

① 인수(집하) 예약은 반드시 접수대장에 기재하여 누락되는 일이 없도록 한다.
② 수하인의 주소 및 수하인이 맞는지 확인한 후 인계한다.
③ 긴급을 요하는 화물은 우선순위로 배송할 수 있도록 쉽게 꺼낼 수 있게 적재한다.
④ 다수의 화물이 도착하였을 때에는 미도착 수량이 있는지 확인한다.

해설 ②는 화물의 인계요령이며, ③과 ④는 화물의 적재요령에 해당한다.

핵심문제 42

다음 중 화물의 인수요령에 대한 설명으로 틀린 것은?

① 두 개 이상의 화물을 하나의 화물로 밴딩처리한 경우 반드시 고객에게 파손 가능성을 설명하고 각각 운송장 및 보조송장을 부착하여 집하한다.
② 신용업체의 대량화물을 집하할 때 수량 착오가 발생하지 않도록 일부를 선별하여 박스 수량과 운송장에 표기된 수량을 확인한다.
③ 화물은 취급 가능 화물규격 및 중량, 취급 불가 화물 품목을 확인하고, 화물의 안전수송과 타 화물의 보호를 위하여 포장상태 및 화물의 상태를 확인한 후 접수 여부를 결정한다.
④ 운송인의 책임은 물품을 인수하고 운송장을 교부한 시점부터 발생한다.

해설 신용업체의 대량화물을 집하할 때 수량 착오가 발생하지 않도록 최대한 주의하여 운송장 및 보조송장을 부착하고, 반드시 박스 수량과 운송장에 기재된 수량을 확인한다.

핵심문제 43

화물을 인수하는 요령으로 적절하지 않은 것은?

① 전화로 예약 접수 시 고객의 배송요구일자는 확인하지 않아도 된다.
② 포장 및 운송장 기재요령을 반드시 숙지하고 인수에 임한다.
③ 집하 자제품목 및 집하 금지품목의 경우는 그 취지를 알리고 양해를 구한 후 정중히 거절한다.
④ 도서지역에 운송되는 물품에 대해서는 부대비용의 징수 가능성을 미리 알려주고 물품을 인수한다.

해설 발송할 물품을 전화로 접수할 때는 집하 가능한 일자와 고객의 배송요구일자를 확인한 후 배송 가능한 경우에 고객과 약속하고, 약속 불이행으로 불만이 발생하지 않도록 한다.

정답 40 ② 41 ① 42 ② 43 ①

2과목 화물 취급 요령

핵심문제 44

화물의 인수요령으로 옳지 않은 것은?

① 인수(집하) 예약은 운송장에 기재한다.
② 전화로 발송한 물품을 접수받을 때는 반드시 집하 가능한 일자와 고객의 배송 요구일자를 확인한다.
③ 0월 0일 0시까지 배달 등 조건부 운송물품 인수를 금지한다.
④ 운송장을 작성하기 전에 물품의 성질 등을 고객에게 통보하고 상호 동의가 되었을 때 운송장을 작성한다.

해설 인수(집하) 예약은 반드시 접수대장에 기재하여 누락되는 일이 없도록 한다.

핵심문제 45

화물의 파손 또는 오손사고를 방지하기 위한 대책으로 가장 거리가 먼 것은?

① 중량물은 상단, 경량물은 하단에 적재한다.
② 충격에 약한 화물은 보강포장 및 특기사항을 표기해 둔다.
③ 집하할 때에는 내용물에 관한 정보를 충분히 듣고 포장한다.
④ 집하 시 화물의 포장상태를 확인한다.

해설 중량물은 하단에, 경량물은 상단에 적재하여 규정을 준수한다.

핵심문제 46

화물을 인계할 때 인수자 확인란에 반드시 인수자가 직접 서명하도록 하는 것은 어떤 화물사고의 방지대책인가?

① 분실사고　　　　　　　　　　　② 지연배달사고
③ 내용물 부족사고　　　　　　　　④ 파손사고

해설 화물을 인계할 때 인수자 확인란에 반드시 인수자가 직접 서명하도록 하는 것은 분실사고의 방지대책에 해당한다.

핵심문제 47

화물의 파손사고의 원인이 아닌 것은?

① 김치, 젓갈, 한약류 등 수량에 비해 포장이 약한 경우
② 차량에 상차할 때 컨베이어 벨트 등에서 떨어져 파손되는 경우
③ 화물을 함부로 던지거나 발로 차거나 끄는 경우
④ 화물을 적재할 때 무분별한 적재로 압착되는 경우

해설 김치, 젓갈, 한약류 등 수량에 비해 포장이 약한 경우는 오손사고의 원인에 해당한다.

핵심문제 48

화물의 사고 발생 시 배달요령으로 틀린 것은?

① 화주와 대면 시 사업자의 책임을 최대한 배제토록 사고경위를 설명한다.
② 화주와 화물 상태를 상호 확인한 후 사고 관련 자료를 요청한다.
③ 대략적인 사고 처리 과정을 알리고, 해당 지점 또는 사무소에 연락처와 사후 조치사항에 대한 안내를 한 뒤 사과를 한다.
④ 화주에게 정중히 인사를 한 뒤 사고경위를 설명한다.

해설 화물의 사고 발생 시 화주의 심정은 최대한 격한 상태임을 생각하고 사고의 책임 여하를 떠나 대면할 때 정중히 인사를 한 뒤, 사고경위를 설명한다.

정답　44 ①　45 ①　46 ①　47 ①　48 ①

핵심문제 49

오배달 또는 지연배달사고의 원인이 아닌 것은?

① 수령인 부재 시 임의장소에 화물을 두고 간 후 미확인   ② 수령인의 신분 확인 없이 화물을 인계한 경우
③ 화물터미널에서의 화물의 체계적인 분류   ④ 당일 미배송 화물에 대한 별도 관리 미흡

해설
오배달사고의 원인
- 수령인이 없을 때 임의장소에 화물을 두고 간 후 미확인한 경우
- 수령인의 신분 확인 없이 화물을 인계한 경우

지연배달사고의 원인
- 사전에 배송연락 미실시로 제3자가 수취한 후 전달이 늦어지는 경우
- 당일 배송되지 않는 화물에 대한 관리가 미흡한 경우
- 제3자에게 전달한 후 원래 수령인에게 받은 사람을 미통지한 경우
- 집하 부주의, 터미널 오분류로 터미널 오착 및 잔류되는 경우

핵심문제 50

차량의 적재함을 특수한 화물에 적합하도록 구조물을 갖추거나 작업이 가능하도록 기계장치를 부착한 특장차의 종류가 아닌 것은?

① 덤프차   ② 믹서차량
③ 밴   ④ 냉동차

해설 특수장비차를 특장차라고도 부르며, 탱크차, 덤프차, 믹서자동차, 위생자동차, 소방차, 레커차, 냉동차, 트럭크레인, 크레인붙이트럭 등이 있다.

핵심문제 51

한국산업표준(KS)에 따른 화물자동차에 대한 설명으로 틀린 것은?

① 캡오버엔진트럭은 원동기의 전부 또는 대부분이 운전실의 아래쪽에 있는 트럭을 말한다.
② 밴은 상자형 화물실을 갖추고 있는 트럭으로 지붕이 없는 것은 제외한다.
③ 레커차는 크레인 등을 갖추고 고장차의 앞 또는 뒤를 매달아 올려서 수송하는 특수 장비 자동차를 말한다.
④ 냉장차는 수송물품을 냉각제를 사용하여 냉장하는 설비를 갖추고 있는 특수 용도 자동차를 말한다.

해설 밴(van)은 상자형 화물실을 갖추고 있는 트럭이다. 단, 지붕이 없는 것(오픈 톱형)도 포함한다.

핵심문제 52

트레일러의 종류 중 총 하중의 일부분이 견인하는 자동차에 분산되도록 설계된 트레일러는?

① 풀 트레일러(Full trailer)   ② 폴 트레일러(Pole trailer)
③ 돌리(Dolly)   ④ 세미 트레일러(Semi trailer)

해설 세미 트레일러는 총 하중의 일부분이 견인하는 자동차에 의해서 지탱되도록 설계된 트레일러이다.

핵심문제 53

파이프나 H형강 등 장척물의 수송을 목적으로 한 트레일러는?

① 돌리(Dolly)   ② 풀(Full) 트레일러
③ 세미(Semi) 트레일러   ④ 폴(Pole) 트레일러

해설 폴 트레일러는 기둥, 통나무 등의 장척의 적하물 자체가 트랙터와 트레일러의 연결부분을 구성하는 구조의 트레일러이다.

정답   49 ③   50 ③   51 ②   52 ④   53 ④

2과목 화물 취급 요령

핵심문제 54

세미 트레일러(Semi trailer)의 특징으로 잘못 설명된 것은?

① 기둥, 통나무 등 장척의 적하물 자체가 트랙터와 트레일러의 연결 부분을 구성하는 구조의 트레일러이다.
② 가동 중인 트레일러 중에서는 가장 많고 일반적인 트레일러이다.
③ 발착지에서의 트레일러 탈착이 용이하고 공간을 적게 차지해서 후진하는 운전을 하기가 쉽다.
④ 세미 트레일러용 트랙터에 연결하여, 총 하중의 일부분이 견인하는 자동차에 의해서 지탱되도록 설계된 트레일러이다.

해설 ①은 폴 트레일러(Pole trailer)의 특징이다.

핵심문제 55

트레일러 구조명칭에 따른 종류로서 틀린 것은?

① 평상식 트레일러
② 특수차량 트레일러
③ 저상식 트레일러
④ 중저상식 트레일러

해설 트레일러는 구조 형상에 따라 평상식(Flat bed, platform and straight-frame trailer), 저상식(Low bed trailer), 중저상식(Drop bed trailer), 스켈레탈(Skeletal trailer), 밴(Van trailier), 오픈 톱(Open top trailer), 특수용도 트레일러로 구분된다.

핵심문제 56

전용 특장차에 속하지 않는 것은?

① 측방 개폐차
② 덤프트럭
③ 액체 수송차량
④ 냉동차

해설 전용 특장차는 덤프트럭, 믹서차량, 벌크차량(분립체 수송차), 액체 수송차, 냉동차 등이 있다. 측방 개폐차는 합리화 특장차에 속한다.

핵심문제 57

화물자동차의 적재량 구조에 따른 합리화 특장차의 종류에 해당하지 않는 것은?

① 측방 개폐차
② 실내하역기기 장비차
③ 시스템 차량
④ 분입체 수송차

해설 합리화 특장차의 종류로는 실내하역기기 장비차, 측방 개폐차, 쌓기·부리기 합리화차, 시스템 차량 등이 있다.

핵심문제 58

수송 중에 화물이 무너지는 것을 방지할 목적으로 개발된 합리적 특장차는?

① 돌리
② 스태빌라이저 차량
③ 시스템 차량
④ 픽업

해설 스태빌라이저 차량은 보디에 스태빌라이저를 장치하고 수송 중의 화물이 무너지는 것을 방지할 목적으로 개발된 것이다.

정답 54 ① 55 ② 56 ① 57 ④ 58 ②

핵심문제 59

이사화물 표준약관상 운송사업자가 인수를 거절할 수 있는 화물이 아닌 것은?

① 현금, 유가증권, 귀금속, 예금통장, 신용카드, 인감 등 고객이 휴대할 수 있는 귀중품
② 화물의 종류, 부피 등에 따라 운송에 적합하도록 포장한 물건
③ 위험물, 불결한 물품 등 다른 화물에 손해를 끼칠 염려가 있는 물건
④ 동식물, 미술품, 골동품 등 운송에 특수한 관리를 요하기 때문에 다른 화물과 동시에 운송하기에 적합하지 않은 물건

해설 　일반이사화물의 종류, 무게, 부피, 운송거리 등에 따라 운송에 적합하도록 포장할 것을 사업자가 요청하였으나 고객이 이를 거절한 물건은 인수를 거절할 수 있다. 그러나, 운송에 적합하도록 포장한 물건은 인수하여야 한다.

핵심문제 60

이사화물 표준약관상 고객은 사업자의 귀책사유로 이사화물의 인수가 지연될 경우 계약을 해제하고 사업자에게 손해배상을 청구할 수 있다. 몇 시간 이상 지연될 경우인가?

① 1시간 이상　　② 2시간 이상
③ 12시간 이상　　④ 24시간 이상

해설 　이사화물의 인수가 사업자의 귀책사유로 약정된 인수일시로부터 2시간 이상 지연된 경우 이사화물 표준약관상 고객은 계약을 해제하고 이미 지급한 계약금액의 반환 및 계약금 6배액의 손해배상을 청구할 수 있다.

핵심문제 61

이사화물 표준약관상 이사화물의 일부 멸실 또는 훼손에 대한 사업자의 손해배상책임은 고객이 이사화물을 인도받은 날로부터 며칠 이내에 그 사실을 사업자에게 통지하지 아니하면 소멸되는가?

① 7일　　② 14일
③ 28일　　④ 30일

해설 　이사화물의 일부 멸실 또는 훼손에 대한 사업자의 손해배상책임은 고객이 이사화물을 인도받은 날로부터 30일 이내에 그 일부 멸실 또는 훼손의 사실을 사업자에게 통지하지 아니하면 소멸한다.

핵심문제 62

이사화물 표준약관상 이사화물의 운송 중에 멸실, 훼손 또는 연착된 경우 사업자는 고객의 요청이 있으면 사고증명서를 발행해야 하는데, 얼마 동안 발행하여야 하는가?

① 1년에 한하여 발행한다.　　② 2년에 한하여 발행한다.
③ 3년에 한하여 발행한다.　　④ 4년에 한하여 발행한다.

해설 　이사화물이 운송 중에 멸실, 훼손 또는 연착된 경우 사업자는 고객의 요청이 있으면 그 멸실·훼손 또는 연착된 날로부터 1년에 한하여 사고증명서를 발행한다.

정답　59 ②　60 ②　61 ④　62 ①

핵심문제 63

택배 표준약관상 사업자가 운송물의 수탁을 거절할 수 없는 경우는?

① 운송물의 인도예정일(시)에 따른 운송이 불가능한 경우
② 운송물이 화약류·인화물질 등 위험한 물건인 경우
③ 운송물이 재생 불가능한 계약서, 원고, 서류인 경우
④ 운송물 1포장의 가액이 100만 원을 초과하는 경우

해설 운송물 1포장의 가액이 300만 원을 초과하는 경우 운송물의 수탁 거절 사유가 된다.

핵심문제 64

운송물의 인도일에 대한 설명으로 틀린 것은?

① 운송장에 인도예정일의 기재가 있는 경우에는 그 기재일
② 운송장에 인도예정일의 기재가 없는 경우로서 일반 지역은 2일
③ 운송장에 인도예정일의 기재가 없는 경우로서 도서 지역은 2일
④ 운송장에 인도예정일의 기재가 없는 경우로서 산간벽지는 3일

해설 운송장에 인도예정일의 기재가 없는 경우에는 운송장에 기재된 운송물의 수탁일로부터 인도예정 장소에 따라 일반 지역은 2일, 도서 및 산간벽지 지역은 3일 이내에 운송물을 인도해야 한다.

핵심문제 65

택배 표준약관상 운송물의 인도일에 관한 설명 중 틀린 것은?

① 운송장에 인도예정일의 기재가 있는 경우에는 그 기재된 날
② 일반지역은 2일
③ 도서, 산간벽지는 5일
④ 특정 일시에 사용할 운송물을 수탁한 경우에는 운송장에 기재된 인도예정일의 특정 시간까지 운송물을 인도한다.

해설 도서, 산간벽지의 운송물 인도일은 3일이다.

핵심문제 66

택배표준약관상 사업자는 운송장에 인도예정일의 기재가 없는 경우 일반 지역의 운송물은 운송장에 기재된 운송물의 수탁일로부터 며칠 이내에 인도해야 하는가?

① 1일 ② 2일
③ 3일 ④ 4일

해설 운송장에 인도예정일의 기재가 없는 경우에는 운송장에 기재된 운송물의 수탁일로부터 인도예정 장소에 따라 일반지역은 2일, 도서 및 산간벽지 지역은 3일 이내에 운송물을 인도해야 한다.

정답 63 ④ 64 ③ 65 ③ 66 ②

03 안전운행

01 교통사고의 3대 요인
인적, 도로 환경, 차량

02 도로교통체계를 구성하는 요소
운전자 및 보행자를 비롯한 도로사용자, 도로 및 교통신호등 등의 환경, 차량

03 운전자의 운전과정의 결함에 의한 교통사고의 비중 순서
인지과정의 결함에 의한 사고＞판단과정의 결함에 의한 사고＞조작과정의 결함에 의한 사고

04 인지
자동차를 운행하고 있는 운전자가 교통상황을 알아차리는 것

05 운전과 관련되는 시각의 특성
- 운전자는 운전에 필요한 정보의 대부분을 시각을 통하여 획득함
- 속도가 빨라질수록 시력은 떨어짐
- 속도가 빨라질수록 시야의 범위가 좁아짐
- 속도가 빨라질수록 전방주시점은 멀어짐

06 란돌트 고리시표의 색상
흰 바탕에 검정

07 도로교통법상 면허 부여 색채식별 조건
붉은색, 녹색, 노란색 식별이 가능할 것

08 야간운전 시 전조등 사용
상향 전조등을 사용하면 맞은 편 차량 운전자에게 위험을 줄 수 있으므로 하향 전조등을 사용

09 현혹현상(눈부심현상)
대향차량 간의 전조등에 의한 눈부심으로 운전자의 눈 기능이 순간적으로 저하되는 현상

10 야간운전 시 인지하기 쉬운 색깔의 순서
흰색 – 엷은 황색 – 흑색

11 정상시력을 가진 사람의 시야범위
약 180~200도

12 교통사고의 요인
- 간접적(무리한 운행계획 등) 요인
- 중간적(운전자의 지능 등) 요인
- 직접적(위험인지의 지연 등) 요인

13 예측의 실수가 발생하는 경우
- 감정이 격앙된 경우
- 고민거리가 있는 경우
- 시간에 쫓기는 경우

14 보행자 요인에 의한 교통사고의 비중 순서
교통상황 정보를 제대로 인지하지 못한 경우가 가장 많고, 다음으로 판단착오, 동작착오의 순서로 많음

15 시야감소 현상
고령자의 시각능력 중 시야가 좁아져서 시야 바깥에 있는 표지판, 신호, 보행자들을 발견하지 못하는 경우

16 어린이들이 당하기 쉬운 교통사고 유형
- 도로에 갑자기 뛰어들기
- 도로상에서의 위험한 놀이
- 차 내 안전사고
- 도로 횡단 중의 부주의
- 자전거 사고

17 내리막길에서의 브레이크 사용
내리막길에서 풋 브레이크만 사용하게 되면 라이닝의 마찰에 의해 제동력이 떨어지므로 엔진 브레이크를 사용하는 것이 안전함

18 조향장치
운전석에 있는 핸들(steering wheel)에 의해 앞바퀴의 방향을 틀어서 자동차의 진행방향을 바꾸는 장치

19 현가장치
차량의 무게를 지탱하여 차체가 직접 차축에 얹히지 않도록 하는 장치

20 현가장치의 유형
- 판 스프링
- 비틀림 막대 스프링
- 충격흡수장치
- 코일 스프링
- 공기 스프링

21 수막현상 형성에 영향을 미치는 요인
- 자동차의 속도
- 타이어의 마모 정도
- 노면의 거칠기

22 자동차 요인과 안전운행 – 물리적 현상
- 베이퍼 록(Vapour Lock) 현상 : 유압식 브레이크의 휠 실린더나 브레이크 파이프 속에서 브레이크액이 기화하여 페달을 밟아도 스펀지를 밟는 것 같고 유압이 전달되지 않아 브레이크가 작용하지 않는 현상
- 페이드(Fade) 현상 : 비탈길을 내려가는 경우 등에 브레이크를 반복하여 사용하면 마찰열이 라이닝에 축적되어 브레이크의 제동력이 저하되는 현상
- 모닝 록(Morning Lock) 현상 : 드럼에 미세한 녹이 발생하여 브레이크가 예민하게 작동되는 현상
- 스탠딩 웨이브(Standing Wave) 현상 : 타이어의 회전속도가 빨라지면 접지부에서 받은 타이어의 변형(주름)이 다음 접지 시점까지도 복원되지 않고 접지의 뒤쪽에 진동의 물결이 일어나는 현상

23 노즈 업 현상
자동차가 출발할 때 구동 바퀴는 이동하려 하지만 차체는 정지하고 있기 때문에 앞 범퍼 부분이 들리는 현상

24 노즈 다운 현상
자동차를 제동할 때 바퀴는 정지하고 차체는 관성에 의해 이동하려는 성질 때문에 앞 범퍼 부분이 내려가는 현상

25 대형차일수록 내륜차와 외륜차가 큼

26 타이어 마모에 영향을 주는 요소
- 공기압의 규정 위반에 따른 영향
- 하중의 증가에 따른 영향
- 속도의 증가에 따른 영향
- 커브에서 활각의 증가에 따른 영향
- 브레이크 밟는 횟수 증가 또는 브레이크를 밟기 직전 속도의 영향
- 노면의 상태(비포장도로)에 따른 영향

27 유체자극 현상
주변의 경관이 거의 흐르는 선과 같이 되어 눈을 자극하게 되는 현상

28 하이드로플래닝 현상(수막현상)
자동차가 물이 고인 노면을 고속으로 주행할 때 타이어가 그루브(타이어 홈) 사이에 있는 물을 배수하는 기능이 감소되어 물의 저항에 의해 노면으로 떠올라 물 위를 미끄러지듯이 되는 현상

29 정지거리
공주거리와 제동거리를 합한 거리

30 공주거리
운전자가 자동차를 정지시켜야 할 상황임을 지각하고 브레이크로 발을 옮겨 브레이크가 작동을 시작하는 순간까지의 시간을 공주시간이라고 하며, 이때까지 자동차가 진행한 거리를 공주거리라고 함

31 제동거리
운전자가 브레이크에 발을 올려 브레이크가 막 작동을 시작하는 순간부터 자동차가 완전히 정지할 때까지의 시간을 제동시간이라고 하며, 이때까지 자동차가 진행한 거리를 제동거리라고 함

32 원동기의 일상점검
엔진오일양 및 오염, 누유, 냉각수와 누수, 연료량 등을 점검

33 주행장치 점검
- 휠너트(허브너트)가 잘 조여져 있는지 점검
- 타이어의 이상마모와 손상은 없는지 점검
- 타이어의 공기압은 적당한지 점검

34 자동차 유형별 점검방법
- 엔진온도 과열 : 냉각수 및 엔진오일양 점검
- 엔진오일 과다 소모 : 엔진 피스톤 링을 교환하거나 실린더라이너를 교환
- 매연 과다 발생 : 에어 클리너 오염 확인 후 청소하거나 덕트 내부를 확인하고, 밸브 간극을 조정
- 엔진 시동 불량 : 플라이밍 펌프를 점검

35 엔진오일이 과다 소모되는 경우의 조치방법
- 엔진 피스톤 링 교환
- 실린더라이너 교환
- 실린더 교환이나 보링
- 오일팬이나 개스킷 교환
- 에어 클리너 청소 및 장착방법 준수

36 엔진 과회전 현상
내리막길 주행 변속 시 엔진 소리와 함께 재시동이 불가능해지는 현상

37 혹한기 주행 중 시동 꺼짐 현상의 조치방법
- 인젝션 펌프 에어빼기 작업
- 워터 세퍼레이트 수분 제거
- 연료탱크 내 수분 제거

38 엔진 시동 꺼짐 현상에 대한 점검사항
- 연료파이프 누유 및 공기유입 확인
- 연료량 확인
- 연료탱크 내 이물질 혼입 여부 확인
- 워터 세퍼레이터 공기 유입 확인

39 덤프 작동 불량의 조치방법
- P.T.O(Power Take Off : 동력인출장치) 스위치 작동 불량 발견
- 호이스트 오일 누출 상태 점검
- 클러치 스위치 점검
- P.T.O 작동상태 점검

40 곡선부 방호울타리의 기능
- 자동차의 차도이탈을 방지
- 탑승자의 상해 및 자동차의 파손 감소
- 자동차를 정상적인 진행방향으로 복귀
- 운전자의 시선 유도

41 추돌사고
앞차의 후미를 뒤차가 충격하는 것

42 중앙분리대의 종류
방호울타리형, 연석형, 광폭형 중앙분리대

43 차로수
양방향 차로(오르막차로, 회전차로, 변속차로 및 양보차로는 제외)의 수를 합한 것

44 정지시거
운전자가 같은 차로상에 장애물을 인지하고 안전하게 정지하기 위해 필요한 거리로서 차로 중심선상 1m의 높이에서 그 차로의 중앙에 있는 높이 15cm 물체의 맨 윗부분을 볼 수 있는 거리를 그 차로의 중심선에 따라 측정한 길이

45 측대
운전자의 시선을 유도하고 옆부분의 여유를 확보하기 위하여 중앙분리대 또는 길어깨에 차도와 동일한 횡단경사와 구조로 차도에 접속하여 설치하는 부분

46 길어깨
도로를 보호하고 비상 시에 이용하기 위하여 차도에 접속하여 설치하는 도로의 부분

47 분리대
차도를 통행 방향에 따라 분리하거나 성질이 다른 같은 방향의 교통을 분리하기 위하여 설치하는 도로의 부분이나 시설물

48 중앙분리대
차도를 통행 방향에 따라 분리하고 옆부분의 여유를 확보하기 위하여 도로의 중앙에 설치하는 분리대와 측대

49 편경사
평면곡선부에서 자동차가 원심력에 대항할 수 있도록 하기 위하여 설치하는 횡단경사

50 방어운전을 위하여 운전자에게 필요한 사항
- 능숙한 운전기술
- 정확한 운전지식
- 세심한 관찰력
- 예측력과 판단력
- 양보와 배려의 실천

- 교통상황 정보수집
- 반성의 자세
- 무리한 운행 배제

51 운행 중 추월방법
꼭 필요한 경우에만 앞지르기가 허용된 지역에서만 할 것

52 차로폭이 좁은 경우 안전운전 방법
보행자, 노약자, 어린이 등에 주의하여 즉시 정지할 수 있는 안전한 속도로 주행속도를 감속하여 운행

53 여름철 자동차 운행 시 빗길 미끄럼 예방을 위하여 타이어 트레드 홈 깊이는 최저 1.6mm 이상이 되어야 함

핵심문제 01

교통사고 요인을 크게 3가지로 분류할 때 그 분류 항목이 아닌 것은?

① 인적 요인
② 도로 환경 요인
③ 단속 요인
④ 차량 요인

해설 교통사고의 3대 요인은 인적 요인, 도로 환경 요인, 그리고 차량 요인이다.

핵심문제 02

도로교통체계를 구성하는 요소에 속하지 않는 것은?

① 도로 및 교통신호등 등의 환경
② 도로사용자
③ 교통경찰
④ 차량

해설 도로교통체계를 구성하는 요소는 운전자 및 보행자를 비롯한 도로사용자, 도로 및 교통신호등 등의 환경, 차량이다.

핵심문제 03

운전자의 운전과정의 결함에 의한 교통사고 중 차지하는 비중이 큰 순서대로 맞게 나열된 것은?

① 조작 > 판단 > 인지
② 인지 > 판단 > 조작
③ 인지 > 조작 > 판단
④ 조작 > 인지 > 판단

해설 운전자의 운전과정 결함에 의한 교통사고 중 인지과정의 결함에 의한 사고가 절반 이상으로 가장 많으며, 이어서 판단과정의 결함, 조작과정의 결함 순이다.

핵심문제 04

자동차를 운행하고 있는 운전자가 교통상황을 알아차리는 운전특성을 무엇이라 하는가?

① 표적
② 인지
③ 판단
④ 생각

해설 인지란 자동차를 운행하고 있는 운전자가 교통상황을 알아차리는 것을 말한다.

핵심문제 05

운전과정에 영향을 미치는 운전자의 신체·생리적 조건이 아닌 것은?

① 피로
② 약물
③ 지식
④ 질병

해설 내외의 교통환경을 인지하고 이에 대응하는 의사결정과정과 운전행위로 연결되는 운전과정에 영향을 미치는 운전자의 신체·생리적 조건은 피로·약물·질병이며, 지식은 운전자의 신체·생리적 조건에 해당하지 않는다.

정답 01 ③ 02 ③ 03 ② 04 ② 05 ③

핵심문제 06

인간의 운전특성 중 틀린 것은?

① 운전특성은 일정하지 않고 사람 간에 차이(개인차)가 있다.
② 신체적·생리적 및 심리적 상태가 항상 일정한 것은 아니다.
③ 인간의 운전행위를 공산품의 공정처럼 일정하게 유지시킬 수 있다.
④ 인간의 특성은 운전뿐만 아니라 인간행위, 삶 자체에도 큰 영향을 미친다.

해설 인간의 운전특성은 일정하지 않고 개인차가 있기 때문에 인간의 운전행위는 공산품의 공정처럼 일정하게 유지시킬 수 없다.

핵심문제 07

운전과 관련되는 시력측정에 대한 설명으로 옳지 않은 것은?

① 속도가 빨라질수록 시력은 떨어진다.
② 속도가 빨라질수록 시야의 범위가 좁아진다.
③ 속도가 빨라질수록 전방주시점은 멀어진다.
④ 전방주시점이 멀어질수록 가까운 물체가 뚜렷이 보인다.

해설 **운전과 관련되는 시각의 특성**
- 운전자는 운전에 필요한 정보의 대부분을 시각을 통하여 획득한다.
- 속도가 빨라질수록 시력은 떨어진다.
- 속도가 빨라질수록 시야의 범위가 좁아진다.
- 속도가 빨라질수록 전방주시점은 멀어진다.

핵심문제 08

정지시력이 20/40인 사람이 정상시력을 가진 사람과 같은 효과를 내기 위한 방법으로 옳은 것은?

① 정상시력을 가진 사람에 비해 0.5배의 큰 글자를 제시
② 정상시력을 가진 사람에 비해 1.0배의 큰 글자를 제시
③ 정상시력을 가진 사람에 비해 1.5배의 큰 글자를 제시
④ 정상시력을 가진 사람에 비해 2배의 큰 글자를 제시

해설 정지시력 20/20이 정상시력, 20/40은 정상시력의 절반 시력이므로, 절반 시력을 가진 사람을 정상시력을 가진 사람과 같은 효과를 내게 하려면 2배의 큰 글자를 보여주어야 한다.

핵심문제 09

5m 떨어진 거리에서 크기 15mm의 문자를 판독할 수 있다면 이 경우의 시력은 얼마인가?

① 0.5
② 0.8
③ 1.2
④ 1.5

해설 10m 거리에서 15mm 크기의 글자를 읽을 수 있으면 정상시력은 1.0이 되므로, 5m 떨어진 거리에서 15mm의 문자를 판독할 수 있는 시력은 정상시력의 절반인 0.5가 된다.

핵심문제 10

정지시력을 식별하기 위한 란돌트 고리시표의 색상은?

① 흰 바탕에 회색
② 흰 바탕에 검정
③ 검정 바탕에 흰색
④ 빨강 바탕에 초록

해설 란돌트 고리시표의 색상은 흰 바탕에 검정이다.

정답 06 ③ 07 ④ 08 ④ 09 ① 10 ②

핵심문제 11

운전면허를 취득할 때 색채 식별이 가능하여야 하는 색상과 관계가 없는 것은?

① 붉은색 ② 흰색
③ 녹색 ④ 노란색

해설 도로교통법상 붉은색, 녹색, 노란색 식별이 가능해야 면허를 부여한다.

핵심문제 12

야간운전 시 주의사항으로 보행자와 자동차의 통행이 빈번한 곳에서의 전조등 사용법으로 옳은 것은?

① 상향 전조등 사용 ② 전조등을 끈 상태로 운전
③ 한쪽 전조등은 끈 상태로 운전 ④ 항상 하향 전조등 사용

해설 상향 전조등을 사용하면 맞은 편 차량 운전자에게 위험을 줄 수 있으므로 항상 하향 전조등을 사용하여 운행하도록 한다.

핵심문제 13

야간에 전조등이 상향등 상태로 주행 시 조명빛으로 보행자의 모습이 사라지는 현상은?

① 명순응현상 ② 현혹현상
③ 암순응현상 ④ 블랙아웃현상

해설 대향차량 간의 전조등에 의한 눈부심으로 운전자의 눈 기능이 순간적으로 저하되는 현상을 현혹현상(눈부심현상)이라 한다.

핵심문제 14

야간운전 시 도로에 무엇인가 있다는 것을 확인하기 쉬운 색깔부터 어려운 색깔 순서로 나열한 것은?

① 엷은 황색 → 흑색 → 흰색 ② 엷은 황색 → 흰색 → 흑색
③ 흰색 → 흑색 → 엷은 황색 ④ 흰색 → 엷은 황색 → 흑색

해설 야간운전 시 인지하기 쉬운 색깔은 흰색, 엷은 황색, 흑색 순으로, 흑색이 가장 인지하기 어렵다.

핵심문제 15

시력과 속도와의 관계를 바르게 설명한 것은?

① 터널에서 나올 때는 시력이 일시 좋아지므로 미리 속도를 높인다.
② 속도가 빠를수록 가까이에 있는 물체가 명확히 보인다.
③ 터널에 들어서면 시력이 일시 떨어지므로 미리 감속하여 운행한다.
④ 속도가 빠를수록 운전자의 시야범위는 넓어진다.

해설 일광 또는 조명이 밝은 조건에서 어두운 조건, 즉 터널에 들어설 때에는 암순응 현상이 발생하므로 미리 감속하여야 한다.

정답 11 ② 12 ④ 13 ② 14 ④ 15 ③

핵심문제 16

일광 또는 조명이 어두운 조건에서 밝은 조건으로 변할 때 사람의 눈이 그 상황에 적응하여 시력을 회복하는 것을 무엇이라고 하는가?

① 암순응 ② 주변시
③ 현혹   ④ 명순응

해설) 어두운 곳에서 밝은 조건으로 변할 때 사람의 눈이 그 상황에 적응하는 것은 명순응이다.

핵심문제 17

정상시력을 가진 사람의 시야범위는 얼마인가?

① 약 100~120도 ② 약 130~150도
③ 약 160~170도 ④ 약 180~200도

해설) 정지한 상태에서 눈의 초점을 고정시키고 양쪽 눈으로 볼 수 있는 범위를 시야라고 하며, 정상적인 시력을 가진 사람의 시야범위는 약 180~200도이다.

핵심문제 18

교통사고의 직접적 요인이 아닌 것은?

① 사고 직전 법규위반   ② 위험인지 지연
③ 무리한 운행계획   ④ 긴급상황 대처능력에 대한 학습 부족

해설) 무리한 운행계획, 안전운전을 위하여 필요한 교육 태만, 안전지식 결여 등은 간접적 요인이다.

핵심문제 19

교통사고 요인이 아닌 것은?

① 간접적 요인 ② 중간적 요인
③ 표면적 요인 ④ 직접적 요인

해설) 교통사고의 요인에는 간접적(무리한 운행계획 등), 중간적(운전자의 지능 등), 직접적(위험인지의 지연 등) 요인이 있다.

핵심문제 20

교통사고 요인 중 운전자와 관련된 3가지 요인에 포함되지 않는 것은?

① 직접적 요인 ② 간접적 요인
③ 중간적 요인 ④ 예외적 요인

해설) 교통사고 요인 중 운전자와 관련된 3가지 요인은 간접적 요인, 중간적 요인, 직접적 요인이다.

정답 16 ④ 17 ④ 18 ③ 19 ③ 20 ④

핵심문제 21

감정이 격앙되었거나 시간에 쫓기는 경우 발생하는 교통사고의 심리적 요인에 해당하는 것은?

① 크기의 착각
② 속도의 착각
③ 예측의 실수
④ 원근의 착각

해설 예측의 실수는 감정이 격앙된 경우, 고민거리가 있는 경우, 시간에 쫓기는 경우에 발생한다.

핵심문제 22

교통사고의 심리적 요인 중 속도의 착각에 대한 설명으로 옳은 것은?

① 주시점이 가까운 좁은 시야에서는 느리게 느껴진다.
② 상대 가속도감은 동일 방향으로 느낀다.
③ 주시점이 먼 곳에 있을 때는 빠르게 느껴진다.
④ 주시점이 가까운 좁은 시야에서는 빠르게 느껴진다.

해설 좁은 시야에서는 빠르게 느껴지며, 비교 대상이 먼 곳에 있을 때는 느리게 느껴진다.

핵심문제 23

운전피로에 대한 일반적인 설명으로 적절하지 않은 것은?

① 전신에 걸쳐 나타난다.
② 대뇌에 피로(나른함, 불쾌감 등)가 몰려든다.
③ 운전작업의 생략이나 착오가 발생할 수 있다는 위험신호이다.
④ 일반적 피로보다 회복시간이 짧다.

해설 신체적 부담에 의한 일반적 피로는 휴식으로 회복되나 운전으로 인한 정신적·심리적 피로는 신체적 부담에 의한 일반적 피로보다 회복시간이 길다.

핵심문제 24

운전피로에 관한 설명 중 틀린 것은?

① 피로의 정도가 지나치면 과로가 되고 정상적인 운전이 곤란해진다.
② 연속운전은 일시적 급성피로를 유발할 수 있다.
③ 운전피로는 운전작업의 생략이나 착오를 일으켜 교통사고로 연결될 수 있다.
④ 운전피로와 졸음운전 사이에는 항상 아무런 연관관계가 없다.

해설 피로 또는 과로 상태에서는 졸음운전이 발생될 수 있고 이는 교통사고로 이어질 수 있으므로 운전피로와 졸음운전은 서로 밀접한 관계가 있다.

핵심문제 25

운전피로에 대한 설명으로 틀린 것은?

① 예정시간상 또는 거리상으로 적정하게 운전을 하여도 만성피로를 초래한다.
② 피로의 정도가 지나치면 과로가 되고 정상적인 운전이 곤란해진다.
③ 연속운전은 일시적으로 급성피로를 낳게 한다.
④ 피로 또는 과로상태에서는 졸음운전이 발생할 수 있고 이는 교통사고로 이어질 수 있다.

해설 매일 시간상 또는 거리상으로 일정 수준 이상의 무리한 운전을 하면 만성피로를 초래한다.

정답 21 ③ 22 ④ 23 ④ 24 ④ 25 ①

핵심문제 26

피로가 운전기능에 미치는 영향 중 운전착오에 대한 설명으로 옳지 않은 것은?

① 작업타이밍의 균형을 초래한다.
② 심야에서 새벽 사이에 많이 발생한다.
③ 각성수준이 저하된다.
④ 사물의 크기와 도로의 경사 등을 착각하게 된다.

해설 운전시간 경과와 더불어 운전피로가 증가하여 작업타이밍의 불균형을 초래한다.

핵심문제 27

차 대 사람의 교통사고 중 횡단사고위험이 가장 큰 유형은?

① 무단횡단
② 횡단보도횡단
③ 보행신호 준수 횡단
④ 신호등 없는 횡단보도의 횡단

해설 차 대 사람의 교통사고 중 무단횡단의 횡단사고위험이 가장 크다.

핵심문제 28

보행 중 교통사고 사망자 구성비가 가장 높은 국가는?

① 프랑스
② 미국
③ 일본
④ 대한민국

해설 우리나라 보행 중 교통사고 사망자 구성비는 미국, 프랑스, 일본 등에 비해 1.53배이며, 특히 어린이는 4.5배 정도 높다.

핵심문제 29

교통사고와 관련이 있는 보행자의 교통정보 인지결함의 원인이 아닌 것은?

① 술에 많이 취해 있었다.
② 등교 또는 출근시간 때문에 급하게 서둘러 걷고 있었다.
③ 횡단 중 모든 방향에 주의를 기울였다.
④ 동행자와 이야기에 열중했거나 놀이에 열중했다.

해설 횡단 중 한쪽 방향에만 주의를 기울인 경우가 보행자의 교통정보 인지결함의 원인이 된다.

핵심문제 30

보행자 요인에 의한 교통사고에서 가장 큰 비중을 차지하는 요인은?

① 동작착오
② 결정착오
③ 판단착오
④ 인지결함

해설 보행자 요인은 교통상황 정보를 제대로 인지하지 못한 경우가 가장 많고, 다음으로 판단착오, 동작착오의 순서로 많다. 일본의 사례연구에 따르면 보행자가 교통상황 정보를 제대로 인지하지 못한 경우가 58.6%, 판단착오가 24.5%, 동작착오가 16.9%였다.

정답 26 ① 27 ① 28 ④ 29 ③ 30 ④

핵심문제 31

고령운전자의 운전태도에 대한 설명으로 올바른 것은?

① 고령자의 운전은 젊은층에 비하여 과속을 한다.
② 고령자의 운전은 젊은층에 비하여 신중하다.
③ 고령자의 운전은 젊은층에 비하여 반사신경이 민감하다.
④ 고령자의 운전은 젊은층에 비하여 자극에 대한 반응이 빠르다.

해설 고령자는 행동이 신중하여 모범적 교통 생활인으로서의 자질을 갖추고 있다.

핵심문제 32

고령자의 특성 중 시야 바깥에 있는 표지판, 신호, 보행자들을 발견하지 못하는 경우를 설명하는 것은?

① 평균 구별능력의 약화
② 시야감소 현상
③ 동체시력의 약화
④ 대비능력 저하

해설 시야가 좁아져 주변을 잘 발견하지 못하는 시야감소 현상에 대한 설명이다.

핵심문제 33

교통사고와 밀접한 어린이의 행동 유형이 아닌 것은?

① 도로에 갑자기 뛰어들기
② 도로횡단 중의 부주의
③ 승용차 뒷좌석 탑승
④ 도로상에서의 위험한 놀이

해설 어린이들이 당하기 쉬운 교통사고 유형은 도로에 갑자기 뛰어들기, 도로횡단 중의 부주의, 도로상에서의 위험한 놀이, 자전거사고, 차내 안전사고 등이 있다. 또한 어린이가 앞좌석에 앉으면 운전장치나 물건 등을 만져 운전에 지장을 줄 수 있고 사고의 위험이 있으므로 반드시 뒷좌석에 태우고 도어의 안전잠금장치를 잠근 후 운행하여야 한다.

핵심문제 34

어린이의 교통행동 특성이 아닌 것은?

① 교통상황에 대한 주의력이 부족하다.
② 판단력이 부족하고 모방행동이 많다.
③ 사고방식이 복잡하다.
④ 추상적인 말은 잘 이해하지 못하는 경우가 많다.

해설 어린이는 사고방식이 단순하다는 교통행동 특성이 있다.

핵심문제 35

내리막길에서 풋 브레이크만 사용하게 되면 라이닝의 마찰에 의해 제동력이 떨어지므로 어떤 브레이크를 사용하는 것이 안전한가?

① 제이크 브레이크
② 사이드 브레이크
③ 엔진 브레이크
④ 앤티록 브레이크

해설 내리막길에서 풋 브레이크만 사용하게 되면 라이닝의 마찰에 의해 제동력이 떨어지므로 엔진 브레이크를 사용하는 것이 안전하다.

정답 31 ② 32 ② 33 ③ 34 ③ 35 ③

3과목 안전운행

핵심문제 36

자동차의 타이어가 갖는 중요한 역할이 아닌 것은?

① 자동차를 움직이는 구동력을 발생시킨다.
② 지면에서 받는 충격을 흡수해 승차감을 좋게 한다.
③ 자동차가 달리거나 멈추는 것을 원활하게 한다.
④ 차량 내부의 환경을 쾌적하게 한다.

해설 자동차 타이어와 차량 내부환경은 관련이 없다.

핵심문제 37

자동차의 장치 중 핸들에 의해 앞바퀴의 방향을 움직여서 자동차의 진행방향을 바꾸는 장치는?

① 주행장치
② 가속장치
③ 제동장치
④ 조향장치

해설 운전석에 있는 핸들(steering wheel)에 의해 앞바퀴의 방향을 틀어서 자동차의 진행방향을 바꾸는 장치는 조향장치이다.

핵심문제 38

차량의 무게를 지탱하여 차체가 직접 차축에 얹히지 않도록 하는 장치는?

① 제동장치
② 주행장치
③ 현가장치
④ 조향장치

해설 차량의 무게를 지탱하여 차체가 직접 차축에 얹히지 않도록 하는 장치는 현가장치이다.

핵심문제 39

자동차에 사용하는 현가장치 유형이 아닌 것은?

① 판 스프링(Leaf Spring)
② 코일 스프링(Coil Spring)
③ 공기 스프링(Air Spring)
④ 휠 실린더(Wheel Cylinder)

 현가장치는 차량의 무게를 지탱하여 차체가 직접 차축에 얹히지 않도록 해 주며, 도로 충격을 흡수하여 운전자와 화물에 더욱 유연한 승차를 제공한다. 그 유형에는 판 스프링, 코일 스프링, 비틀림 막대 스프링, 공기 스프링, 충격흡수장치 등이 있다.

핵심문제 40

원심력에 대한 설명으로 옳은 것은?

① 커브를 돌 때의 원심력은 자동차의 속도에 영향을 받지 않는다.
② 원심력은 속도의 제곱에 비례하여 변한다.
③ 원심력은 원의 중심으로 들어오려는 힘이다.
④ 커브가 예각을 이룰수록 원심력은 작아진다.

 원심력은 속도의 제곱에 비례하여 변한다. 시속 50km로 커브를 도는 차량은 시속 25km로 도는 차량보다 4배의 원심력을 지니는 것이다. 이 경우 속도는 2배에 불과하나 차를 직진시키려는 힘은 4배가 되어, 원심력은 속도의 제곱에 비례함을 알 수 있다.

정답 36 ④ 37 ④ 38 ③ 39 ④ 40 ②

핵심문제 41

수막현상 형성과 관계가 없는 것은?

① 자동차의 속도
② 신호기 설치 유무
③ 타이어의 마모 정도
④ 도로의 포장상태

해설 수막현상은 자동차의 속도, 타이어의 마모 정도, 노면의 거칠기 등에 따라 다르게 나타나며, 신호기의 설치 유무와는 관련이 없다.

핵심문제 42

유압식 브레이크의 휠 실린더나 브레이크 파이프 속에서 브레이크액이 기화하여 페달을 밟아도 스펀지를 밟는 것 같고 유압이 전달되지 않아 브레이크가 작용하지 않는 현상은?

① 페이드(Fade) 현상
② 베이퍼 록(Vapour Lock) 현상
③ 모닝 록(Morning Lock) 현상
④ 스탠딩 웨이브(Standing Wave) 현상

해설 베이퍼 록(Vapour Lock) 현상은 유압식 브레이크의 휠 실린더나 브레이크 파이프 속에서 브레이크액이 기화하여 페달을 밟아도 스펀지를 밟는 것 같고 유압이 전달되지 않아 브레이크가 작용하지 않는 현상이다.
 ① 페이드(Fade) 현상 : 비탈길을 내려가는 경우 등에 브레이크를 반복하여 사용하면 마찰열이 라이닝에 축적되어 브레이크의 제동력이 저하되는 현상
 ③ 모닝 록(Morning Lock) 현상 : 드럼에 미세한 녹이 발생하여 브레이크가 예민하게 작동되는 현상
 ④ 스탠딩 웨이브(Standing Wave) 현상 : 타이어의 회전속도가 빨라져 접지부에서 받은 타이어의 변형(주름)이 다음 접지 시점까지도 복원되지 않고 접지의 뒤쪽에 진동의 물결이 일어나는 현상

핵심문제 43

자동차를 출발시킬 때 앞 범퍼 부분이 조금 들리는 현상을 무엇이라 하는가?

① 노즈 업(Nose Up)
② 노즈 다운(Nose Down)
③ 바운싱(Bouncing)
④ 피칭(Pitching)

해설 노즈 업은 자동차가 출발할 때 구동 바퀴는 이동하려 하지만 차체는 정지하고 있기 때문에 앞 범퍼 부분이 들리는 현상이며, 노즈 다운은 자동차를 제동할 때 바퀴는 정지하고 차체는 관성에 의해 이동하려는 성질 때문에 앞 범퍼 부분이 내려가는 현상이다.

핵심문제 44

자동차의 현가장치와 관련된 현상과 거리가 먼 것은?

① 바운싱(Bouncing)
② 피칭(Pitching)
③ 노킹(Knocking)
④ 요잉(Yawing)

해설 노킹은 자동차의 현가장치와 관련이 없다.

핵심문제 45

내륜차 및 외륜차가 가장 큰 자동차는?

① 경차
② 소형차
③ 중형차
④ 대형차

해설 대형차일수록 내륜차와 외륜차가 크다.

정답 41 ② 42 ② 43 ① 44 ③ 45 ④

핵심문제 46

고속도로에서 고속주행 시 주변의 경관이 흐르는 선처럼 보이는 현상은?

① 페이드 현상
② 유체자극 현상
③ 하이드로플래닝 현상
④ 플랫타이어 현상

해설 주변의 경관이 거의 흐르는 선과 같이 되어 눈을 자극하게 되는 현상을 유체자극 현상이라 한다.
① 페이드 현상 : 비탈길을 내려가는 경우 브레이크를 반복적으로 사용하면 마찰열이 라이닝에 축적되어 브레이크의 제동력이 저하되는 현상
③ 하이드로플래닝 현상 : 수막현상이라고 하며, 자동차가 물이 고인 노면을 고속으로 주행할 때 타이어가 그루브(타이어 홈) 사이에 있는 물을 배수하는 기능이 감소되어 물의 저항에 의해 노면으로 떠올라 물 위를 미끄러지듯이 되는 현상

핵심문제 47

타이어 마모와 관련된 설명 중 틀린 것은?

① 공기압이 규정 압력보다 낮으면 마모가 빨라진다.
② 차의 속도가 빠를수록 타이어 마모량은 커진다.
③ 하중이 커지면 마모량은 작아진다.
④ 커브길의 활각이 클수록 타이어의 마모가 많아진다.

해설 **타이어 마모에 영향을 주는 요소**
- 공기압의 규정 위반에 따른 영향
- 하중의 증가에 따른 영향
- 속도의 증가에 따른 영향
- 커브에서 활각의 증가에 따른 영향
- 브레이크 밟는 횟수 증가 또는 브레이크를 밟기 직전 속도의 영향
- 노면의 상태(비포장도로)에 따른 영향

핵심문제 48

자동차의 정지거리에 대한 설명으로 맞는 것은?

① 공주거리와 제동거리를 합한 거리
② 운전자 반응시간 동안 이동한 거리
③ 브레이크가 작동하는 순간부터 정지할 때까지 이동한 거리
④ 작동거리라고도 표현

해설 **정지거리, 공주거리, 제동거리**
- 정지거리 : 공주거리와 제동거리를 합한 거리이다.
- 공주거리 : 운전자가 자동차를 정지시켜야 할 상황임을 지각하고 브레이크로 발을 옮겨 브레이크가 작동을 시작하는 순간까지의 시간을 공주시간이라고 하며, 이때까지 자동차가 진행한 거리를 공주거리라고 한다.
- 제동거리 : 운전자가 브레이크에 발을 올려 브레이크가 막 작동을 시작하는 순간부터 자동차가 완전히 정지할 때까지의 시간을 제동시간이라고 하며, 이때까지 자동차가 진행한 거리를 제동거리라고 한다.

핵심문제 49

운전자가 위험을 인지하고 자동차를 정지하려고 시작하는 순간부터 자동차가 완전히 정지할 때까지 진행된 거리를 무엇이라 하는가?

① 공주거리
② 정지거리
③ 작동거리
④ 제동거리

해설 운전자가 위험을 인지하고 자동차를 정지시키려고 시작하는 순간부터 자동차가 완전히 정지할 때까지의 시간을 정지시간이라고 하며, 이 시간 동안 진행한 거리를 정지거리라고 한다.

정답 46 ② 47 ③ 48 ① 49 ②

핵심문제 50

자동차의 정지거리는?

① 공주거리 + 제동거리
② 공주거리 – 제동거리
③ 제동거리 × 공주거리
④ 공주거리 ÷ 감속거리

해설 정지거리는 공주거리와 제동거리를 합한 거리이다.

핵심문제 51

자동차의 일상점검 중 연료 및 냉각수가 충분한지, 새는 곳은 없는지 검사하는 것은 어떤 장치에 대한 점검인가?

① 원동기
② 동력전달장치
③ 조향장치
④ 제동장치

해설 엔진오일양 및 오염, 누유, 냉각수와 누수, 연료량 등을 점검하는 것은 원동기 일상점검에서의 검사사항이다.

핵심문제 52

타이어의 공기압 점검은 자동차의 일상점검장치 중 어디에 해당하는가?

① 제동장치
② 조향장치
③ 완충장치
④ 주행장치

해설 주행장치 점검 시에는 휠너트가 잘 조여져 있는지, 타이어의 이상마모와 손상은 없는지, 타이어의 공기압은 적당한지를 점검한다.

핵심문제 53

차량점검 시 주의사항에 대한 설명으로 틀린 것은?

① 운행 전 점검을 실시한다.
② 운행 중에 조향핸들의 높이와 각도를 적절히 조정한다.
③ 적색 경고등이 들어온 상태에서는 절대로 운행하지 않는다.
④ 주차할 때에는 항상 주차브레이크를 사용한다.

해설 운행 전 조향핸들의 높이와 각도를 조절하여야 하며, 운행 중에는 조정하지 않는다.

핵심문제 54

차량점검 및 주의사항으로 잘못된 것은?

① 트랙터 차량의 경우 트레일러 브레이크만을 사용하여 주차한다.
② 주차 브레이크를 작동시키지 않은 상태에서 절대로 운전석에서 떠나지 않는다.
③ 주차 시에는 항상 주차 브레이크를 사용한다.
④ 운행 전에 조향핸들의 높이와 각도가 맞게 조정되어 있는지 점검한다.

해설 트랙터 차량의 경우 주차 시 트레일러 브레이크는 일시적으로만 사용하여야 하며, 트레일러 브레이크만을 사용하여 주차하지 않도록 한다.

정답   50 ①   51 ①   52 ④   53 ②   54 ①

핵심문제 55

엔진에서 쇠가 부딪치는 듯한 금속성 이음이 발생되는 결함은?

① 브레이크 페달 이상
② 앞바퀴 정렬 이상
③ 브레이크 라이닝의 심한 마모
④ 밸브 간극 이상

해설 엔진의 회전수에 비례하여 쇠가 부딪치는 듯한 소리가 날 때가 있다. 거의 이런 이음은 밸브 장치에서 나는 소리로, 밸브 간극 조정으로 고쳐질 수 있다.

핵심문제 56

주행하기 전에 차체에서 이상한 진동이 느껴질 때 고장으로 의심되는 부분은?

① 엔진
② 클러치
③ 조향장치
④ 브레이크

해설 주행 전 차체에 이상한 진동이 느껴질 때 주원인은 엔진에서의 고장이다. 플러그 배선이 빠져있거나 플러즈 자체가 나쁠 때 이런 현상이 나타난다.

핵심문제 57

자동차 고장유형별 점검방법으로 옳은 것은?

① 엔진온도 과열 – 냉각수 및 엔진오일 양 점검
② 엔진오일 과다소모 – 타이어 공기압 점검
③ 매연 과다 발생 – 클러치 스위치 점검
④ 엔진 시동 불량 – 엔진 피스톤 링 점검

해설 ② 엔진오일 과다소모 : 엔진 피스톤 링을 교환하거나 실린더라이너를 교환
③ 매연 과다 발생 : 에어 클리너 오염 확인 후 청소하거나 덕트 내부를 확인하고, 밸브 간극을 조정
④ 엔진 시동 불량 : 플라이밍 펌프를 점검

핵심문제 58

섀시 계통 고장 중 제동 시 차량 쏠림현상이 발생하는 경우 점검 방법으로 옳지 않은 것은?

① 좌·우 타이어의 공기압 점검
② 좌·우 브레이크 라이닝 간극 및 드럼손상 점검
③ 클러치 스위치 점검
④ 브레이크 에어 및 오일 파이프 점검

해설 섀시 계통 고장 중 타이어와 브레이크 계열에 문제가 있는 경우에는 주행 제동 시 차량 쏠림 현상이 발생한다.
③은 덤프 작동 불량일 때의 점검사항이다.

핵심문제 59

엔진오일이 과다 소모되는 경우의 조치방법 중 옳지 않은 것은?

① 엔진 피스톤 링 교환
② 실린더라이너 교환
③ 오일팬이나 개스킷 교환
④ 휠밸런스 조정

해설 엔진오일이 과다 소모되는 경우의 조치방법은 엔진 피스톤 링 교환, 실린더라이너 교환, 실린더 교환이나 보링, 오일팬이나 개스킷 교환, 에어 클리너 청소 및 장착방법 준수가 있다.

정답 55 ④ 56 ① 57 ① 58 ③ 59 ④

핵심문제 60

내리막길에서 순간적으로 고단에서 저단으로 기어를 변속할 때 엔진 내부가 손상되는 것과 관련이 있는 것은?

① 엔진 과회전(Over Revolution) 현상
② 엔진 온도 과열
③ 엔진 오일 과다 소모
④ 엔진 시동 꺼짐

해설 엔진 과회전 현상은 내리막길 주행 변속 시 엔진 소리와 함께 재시동이 불가능해지는 현상이다.

핵심문제 61

엔진 시동 꺼짐 현상에 대한 점검방법이 아닌 것은?

① 연료량 확인
② 엔진오일 및 필터 상태 점검
③ 연료파이프 누출 및 공기유입 확인
④ 연료탱크 내 이물질 혼입 여부 확인

해설 엔진오일 및 필터 상태 점검은 엔진 매연 과다 발생 시 점검방법이다. 그 밖에 에어 클리너 오염 상태 및 덕트 내부 상태 확인, 블로바이 가스 발생 여부 확인, 연료의 질 분석 및 흡 · 배기 밸브 간극 점검(소리로 확인)을 하여야 한다.

핵심문제 62

혹한기 주행 중 시동 꺼짐 현상에 대한 조치방법이 아닌 것은?

① 인젝션 펌프 에어빼기 작업
② 워터 세퍼레이트 수분 제거
③ 연료탱크 내 수분 제거
④ 엔진오일 및 필터 상태 점검

해설 혹한기 주행 중 시동 꺼짐 현상의 조치방법은 인젝션 펌프 에어빼기 작업, 워터 세퍼레이트 수분 제거, 연료탱크 내 수분 제거가 있다.

핵심문제 63

엔진 매연 과다 발생현상에 대한 점검사항이 아닌 것은?

① 연료파이프 누유 및 공기유입 확인
② 엔진오일 및 필터 상태 점검
③ 에어 클리너 오염상태 및 덕트 내부상태 확인
④ 연료의 질 분석 및 흡 · 배기 밸브 간극 점검

해설 연료파이프 누유 및 공기유입 확인은 연료량 확인, 연료탱크 내 이물질 혼입 여부 확인, 워터 세퍼레이터 공기 유입 확인과 더불어 엔진 시동 꺼짐 현상에 대한 점검사항에 해당한다.

핵심문제 64

제동 시 차량 쏠림현상이 발생하는 경우 조치방법이 아닌 것은?

① 타이어의 공기압 좌 · 우 동일하게 주입
② 좌 · 우 브레이크 라이닝 간극 재조정
③ P.T.O 스위치 교환
④ 브레이크 드럼 교환

해설 P.T.O(Power Take Off : 동력인출장치) 스위치 작동 불량 발견은 호이스트 오일 누출 상태 점검, 클러치 스위치 점검, P.T.O 작동상태 점검과 더불어 덤프 작동불량의 조치방법에 해당한다.

정답 60 ① 61 ② 62 ④ 63 ① 64 ③

핵심문제 65

엔진 매연 과다 발생현상에 대한 조치방법이 아닌 것은?

① 에어 클리너 오염 확인 후 청소
② 에어 클리너 덕트 내부 확인(부풀음 또는 폐쇄 확인하여 흡입 공기량이 충분토록 조치)
③ 연료파이프 누유 및 공기유입 확인
④ 밸브간극 조정 실시

해설 연료파이프 누유 및 공기유입 확인은 연료량 확인, 연료탱크 내 이물질 혼입 여부 확인, 워터 세퍼레이터 공기 유입 확인과 더불어 엔진 시동 꺼짐 시 조치방법에 해당한다.

핵심문제 66

길어깨의 역할이 아닌 것은?

① 고장차를 본선차도로부터 대피할 수 있게 하고 사고 시 교통의 혼잡을 방지하는 역할을 한다.
② 측방 여유폭을 가지므로 교통의 안전성과 쾌적성에 기여한다.
③ 유지관리 작업장이나 지하매설물에 대한 장소로 제공된다.
④ 자동차의 차도이탈을 방지한다.

해설 자동차의 차도이탈을 방지하는 것, 탑승자의 상해 및 자동차의 파손을 감소시키는 것, 자동차를 정상적인 진행방향으로 복귀시키는 것, 운전자의 시선을 유도하는 것 등은 곡선부 방호울타리의 기능이다.

핵심문제 67

길어깨에 대한 설명으로 가장 거리가 먼 것은?

① 차도와 길어깨를 구획하는 노면표시는 교통사고를 증가시킨다.
② 일반적으로 길어깨의 폭이 넓을수록 교통사고 예방효과가 커진다.
③ 길어깨가 토사나 자갈 또는 잔디로 된 것보다 포장된 노면이 더 안전하다.
④ 길어깨는 고장차량을 주행차로 밖으로 이동 또는 대피시키는 장소로 유용하게 이용된다.

해설 차도와 길어깨를 구획하는 노면표시를 하면 교통사고는 대체로 감소한다.

핵심문제 68

일반적으로 갓길(길어깨)이 넓으면 안전성이 높아지는 이유와 가장 거리가 먼 것은?

① 차량의 이동공간이 넓기 때문이다.
② 시계가 넓기 때문이다.
③ 교통지도를 할 수 있는 공간이 넓기 때문이다.
④ 고장차량을 주행차로 밖으로 이동할 수 있기 때문이다.

해설 갓길이 넓으면 안전성이 높아지는 것과 교통지도는 관련이 없다.

정답 65 ③ 66 ④ 67 ① 68 ③

핵심문제 69

중앙분리대의 주된 기능으로 옳지 않은 것은?

① 상하 차도의 교통 분리
② 필요에 따라 유턴(U-Turn) 방지
③ 추돌사고의 방지
④ 충돌차량의 속도를 줄여주는 기능

해설 추돌사고는 앞차의 후미를 뒤차가 충격하는 것으로, 중앙분리대의 기능과는 관계가 없다.

핵심문제 70

중앙분리대로 설치되는 방호울타리의 기능이 아닌 것은?

① 차량의 횡단을 방지할 수 있는 기능
② 충돌차량의 속도를 줄일 수 있는 기능
③ 충돌차량이 튕겨 나가도록 하는 기능
④ 충돌차량의 손상을 적게 하는 기능

해설 중앙분리대로 설치된 방호울타리는 사고의 방지보다는 정면충돌사고를 차량단독사고로 변환시키는 것과 같이 사고의 유형을 변환시켜주는 기능을 한다.

핵심문제 71

다음 중 중앙분리대의 종류가 아닌 것은?

① 방호울타리형
② 연석형
③ 광폭형
④ 교량형

해설 중앙분리대의 종류로는 방호울타리형, 연석형, 광폭형 중앙분리대가 있다.

핵심문제 72

일반적으로 중앙분리대를 설치하면 어떤 유형의 교통사고가 가장 크게 감소하는가?

① 정면충돌사고
② 추돌사고
③ 직각충돌사고
④ 측면접촉사고

해설 중앙분리대는 상하 차도의 교통을 분리시킴으로써 차량의 중앙선 침범에 의한 치명적인 정면충돌사고를 방지하는 기능을 한다.

핵심문제 73

서로 반대방향으로 주행 중인 자동차 간의 정면충돌사고를 예방하기 위한 방법으로 가장 효과적인 것은?

① 길어깨 확장
② 중앙분리대 설치
③ 감속표지판 설치
④ 차로폭 확장

해설 중앙분리대를 설치함으로써 정면충돌사고를 차량단독사고로 변환시킬 수 있다.

정답 69 ③ 70 ③ 71 ④ 72 ① 73 ②

핵심문제 74

교량과 교통사고의 관계에 대한 설명으로 틀린 것은?

① 교량 접근로 폭에 비하여 교량 폭이 좁을수록 교통사고위험이 더 높다.
② 교량 접근로 폭과 교량 폭 간의 차이는 교통사고위험에 영향을 미치지 않는다.
③ 교량 접근로 폭과 교량 폭이 같을 때 교통사고율이 가장 낮다.
④ 교량 접근로 폭과 교량 폭이 달라도 효과적인 교통통제시설 설치로 사고를 줄일 수 있다.

해설 교량의 폭, 교량 접근부 등은 교통사고와 밀접한 관계가 있으며, 교량의 접근로 폭과 교량의 폭이 같을 때 사고율이 가장 낮다.

핵심문제 75

양방향 차로의 수를 합한 것을 무엇이라 하는가?

① 차로수
② 오르막차로
③ 회전차로
④ 차선수

해설 차로수는 양방향 차로(오르막차로, 회전차로, 변속차로 및 양보차로는 제외)의 수를 합한 것을 말한다.

핵심문제 76

운전자가 같은 차로상에 장애물을 인지하고 안전하게 정지하기 위해 필요한 거리로서 차로 중심선상 1m의 높이에서 그 차로의 중앙에 있는 높이 15cm의 물체의 맨 윗부분을 볼 수 있는 거리를 그 차로의 중심선에 따라 측정한 길이를 무엇이라 하는가?

① 곡선시거
② 제한시거
③ 앞지르기시거
④ 정지시거

해설 정지시거에 대한 내용이다.

핵심문제 77

측대에 대한 설명으로 옳은 것은?

① 도로를 보호하고 비상시에 이용하기 위하여 차도에 접속하여 설치하는 도로의 부분
② 차도를 통행의 방향에 따라 분리하고 옆부분의 여유를 확보하기 위하여 도로의 중앙에 설치하는 분리대와 측대
③ 차도를 통행의 방향에 따라 분리하거나 성질이 다른 같은 방향의 교통을 분리하기 위하여 설치하는 도로의 부분이나 시설물
④ 운전자의 시선을 유도하고 옆부분의 여유를 확보하기 위하여 중앙분리대 또는 길어깨에 차도와 동일한 횡단경사와 구조로 차도에 접속하여 설치하는 부분

해설 측대는 운전자의 시선을 유도하고 옆부분의 여유를 확보하기 위하여 중앙분리대 또는 길어깨에 차도와 동일한 횡단경사와 구조로 차도에 접속하여 설치하는 부분을 말한다.
①은 길어깨, ②는 중앙분리대, ③은 분리대에 대한 설명이다.

핵심문제 78

평면곡선부에서 자동차가 원심력에 대항할 수 있도록 하기 위하여 설치하는 것을 무엇이라 하는가?

① 시설한계
② 편경사
③ 종단경사
④ 급경사

해설 편경사는 평면곡선부에서 자동차가 원심력에 대항할 수 있도록 하기 위하여 설치하는 횡단경사이다.

정답 74 ② 75 ① 76 ④ 77 ④ 78 ②

핵심문제 79

방어운전을 위하여 운전자가 갖추어야 할 기본사항이 아닌 것은?

① 능숙한 운전기술
② 자기중심 운전태도
③ 정확한 운전지식
④ 세심한 관찰력

 방어운전을 위하여 운전자는 능숙한 운전기술, 정확한 운전지식, 세심한 관찰력, 예측력과 판단력, 양보와 배려의 실천, 교통상황 정보수집, 반성의 자세, 무리한 운행 배제 등을 갖춘다.

핵심문제 80

운행 중 추월방법에 대한 설명으로 옳은 것은?

① 추월 후에 앞차에게 신호를 한다.
② 반드시 안전을 확인한 후 시행한다.
③ 추월은 아무데서나 가능하다.
④ 추월 시 최대 속도로 한다.

 추월을 하는 경우에는 꼭 필요한 경우에만, 앞지르기가 허용된 지역에서만 한다.

핵심문제 81

방어운전의 요령으로 가장 적절한 것은?

① 다른 차량이 끼어들 우려가 있는 경우에는 다른 차량과 거리를 두고 주행하도록 한다.
② 차량이 많을 때는 속도를 가속하여 다른 차들을 앞서야 한다.
③ 대형차를 뒤따를 때는 신속히 앞지르기를 하여 대형차 앞으로 이동한다.
④ 뒤에서 다른 차가 접근해 올 경우에는 빠르게 가속하여 뒤차와의 거리를 멀리한다.

② 차량이 많을 때 가장 안전한 속도는 다른 차량과 같은 속도이므로 법정한도 내에서는 다른 차량과 같은 속도로 운전하고 안전한 차간거리를 유지한다.
③ 대형 화물차나 버스의 바로 뒤에서 주행할 때에는 전방의 교통상황을 파악할 수 없으므로, 이 때는 함부로 앞지르기를 하지 않고, 시기를 보아서 대형차의 뒤에서 이탈해 주행한다.
④ 뒤에서 다른 차가 접근해 올 때에는 속도를 낮춘다. 뒤차가 앞지르기를 하려고 하면 양보하고, 뒤차가 바짝 뒤따라올 때는 가볍게 브레이크 페달을 밟아 제동등을 켠다.

핵심문제 82

방어운전의 요령에 대한 설명으로 옳지 않은 것은?

① 다른 차량이 끼어들 우려가 있는 경우에는 다른 차량과 거리를 두고 주행하도록 한다.
② 뒤차가 앞지르기를 하려고 하면 양보해 준다.
③ 대형차의 뒤를 따를 때는 시기를 보아서 대형차의 뒤에서 이탈해 주행한다.
④ 뒤차가 바짝 뒤따라올 때는 빠르게 가속하여 뒤차와의 거리를 멀리 한다.

방어운전의 요령
- 다른 차량이 갑자기 끼어들거나 차로를 변경할 필요가 있을 때 꼼짝할 수 없게 되므로 가능한 한 뒤로 물러서거나 앞으로 나아가 다른 차량과 나란히 주행하지 않도록 한다.
- 차량이 많을 때 가장 안전한 경우는 다른 차량의 속도와 같을 때이므로 법정한도 내에서는 다른 차량과 같은 속도로 운전하고 안전한 차간거리를 유지한다.
- 대형 화물차나 버스의 바로 뒤에서 주행할 때에는 전방의 교통상황을 파악할 수 없으므로, 이때는 함부로 앞지르기를 하지 않고, 시기를 보아서 대형차의 뒤에서 이탈해 주행한다.

정답 79 ② 80 ② 81 ① 82 ④

핵심문제 83

운행 시 속도조절에 대한 설명 중 틀린 것은?

① 교통량이 많은 곳에서는 속도를 줄여서 주행한다.
② 노면상태가 나쁜 도로에서는 속도를 줄여서 주행한다.
③ 해질 무렵, 터널 등 조명조건이 나쁠 때에는 속도를 줄여서 주행한다.
④ 곡선반경이 큰 도로에서는 속도를 줄인다.

해설 곡선반경이 작은 도로나 신호의 설치간격이 좁은 도로에서는 속도를 낮추어 안전하게 통과한다.

핵심문제 84

입체교차로에 대한 설명 중 옳은 것은?

① 색채별로 분리하는 기능
② 암묵적으로 분리하는 기능
③ 시간적으로 분리하는 기능
④ 공간적으로 분리하는 기능

해설 신호기는 교통흐름을 시간적으로 분리하는 기능을 하며, 입체교차로는 교통흐름을 공간적으로 분리하는 기능을 한다.

핵심문제 85

교통사고가 잦은 교차로에서 교통흐름을 공간적으로 분리하여 교통사고 예방효과를 얻을 수 있는 방법은?

① 입체교차로 개선
② 교통신호 주기의 개선
③ 평면교차로 포장 개선
④ 교차로 속도규제 강화 및 카메라 설치

해설 입체교차로 개선하면 교통흐름을 공간적으로 분리하여 교통사고 예방효과를 얻을 수 있다.

핵심문제 86

평면교차로를 안전하게 통과하는 운전요령으로 틀린 것은?

① 신호는 운전자 자신의 눈으로 확인한다.
② 직진할 경우에는 좌·우회전하는 차량에 주의한다.
③ 좌·우회전할 때에는 방향지시등을 정확히 켠다.
④ 교차로 내에 진입하였으나 황색신호이면 반드시 정차한다.

해설 교차로 내에 진입하였으나 황색신호이면 신속히 빠져나가야 한다.

핵심문제 87

간선도로와 비교할 때 이면도로의 교통사고 위험요인으로 볼 수 없는 것은?

① 차의 속도가 간선도로보다 빠르다.
② 좁은 도로가 많이 교차하고 있다.
③ 도로의 폭이 좁고 안전시설이 미흡하다.
④ 차량과 보행자가 혼재하는 경우가 많다.

해설 이면도로는 간선도로와 달리 운전을 하는 데 있어 여러 가지 환경과 여건이 좋지 않기 때문에 위험성이 높으며, 차의 속도는 간선도로보다 느리다.

정답 83 ④ 84 ④ 85 ① 86 ④ 87 ①

핵심문제 88

커브길의 안전한 진입, 진행, 진출 방법과 거리가 먼 것은?

① 커브의 경사도나 도로폭 등을 미리 확인한다.
② 진입하기 전에 감속한다.
③ 빠르게 진입하여 서서히 진출한다.
④ 야간에는 전조등을 사용하여 내 차의 존재를 사전에 경고한다.

해설 커브길에서는 사고의 위험이 있으므로 천천히 진입하여 빠르게 진출하여야 한다.

핵심문제 89

차로폭이 좁은 경우 안전운전 방법으로 적절한 것은?

① 속도를 낸다.
② 중립주행을 한다.
③ 기어를 뺀다.
④ 감속운행을 한다.

해설 차로폭이 좁은 도로의 경우 보행자, 노약자, 어린이 등에 주의하여 즉시 정지할 수 있는 안전한 속도로 주행속도를 감속하여 운행한다.

핵심문제 90

야간 안전운전요령에 대한 설명으로 틀린 것은?

① 차의 실내는 가급적 밝은 상태로 유지한다.
② 자동차가 교행할 때는 전조등을 하향 조정한다.
③ 주간에 비하여 속도를 낮추어 주행한다.
④ 해가 저물면 곧바로 전조등을 점등한다.

해설 야간 운행 시 실내를 불필요하게 밝게 하지 않아야 한다.

핵심문제 91

다른 차가 자신의 차를 앞지르기할 때의 안전운전 요령이 아닌 것은?

① 자신의 차량 속도를 앞지르기를 시도하는 차량의 속도 이하로 적절히 감속한다.
② 주행하던 차로를 그대로 유지한다.
③ 다른 차가 안전하게 앞지르기할 수 있도록 배려한다.
④ 앞지르기 금지장소에서는 앞지르기하는 차의 진로를 막아 위험을 방지한다.

해설 앞지르기 금지장소에서 다른 차가 앞지르기를 한다고 하더라도 그 차의 진로를 막게 되면 오히려 위험을 가중시키게 된다.

핵심문제 92

다음은 여름철 자동차 운행과 관련된 설명이다. 옳지 않은 것은?

① 빗길 미끄럼 예방 등을 위하여 타이어 트레드 홈 깊이는 1.0mm 이상을 유지한다.
② 습도 상승으로 불쾌지수가 높아져 난폭운전의 우려가 있다.
③ 빗길 고속운전은 수막현상에 의한 교통사고위험을 수반한다.
④ 수막현상이 발생하는 경우의 빗길은 빙판길처럼 미끄럽다.

해설 타이어 트레드 홈 깊이는 최저 1.6mm 이상이 되어야 한다.

정답 88 ③ 89 ④ 90 ① 91 ④ 92 ①

3과목 안전운행

핵심문제 93

과마모된 타이어는 빗길에서 잘 미끄러지고 제동거리가 길어지므로 이를 예방하기 위해 노면과 맞닿는 트레드 홈 깊이(요철형 무늬의 깊이)는 얼마 이상으로 유지하여야 하는가?

① 1.6mm
② 1.3mm
③ 1.0mm
④ 0.7mm

해설 노면과 맞닿는 부분인 트레드 홈 깊이(요철형 무늬의 깊이)는 최저 1.6mm 이상으로 유지하여야 한다.

핵심문제 94

다음 중 여름철 자동차 관리 요령과 거리가 먼 것은?

① 출발 전 차내 공기를 환기시켜 더운 공기가 빠져나간 다음에 운행한다.
② 잦은 비에 대비하여 와이퍼의 정상작동 여부를 점검한다.
③ 물에 잠겼던 자동차는 배선부분의 전기 합선이 일어나지 않도록 점검한다.
④ 빗길 미끄럼 사고에 대비하여 타이어 트레드 홈의 깊이가 최소 1.0mm 이상인지 확인한다.

해설 노면과 맞닿는 부분인 트레드 홈 깊이(요철형 무늬의 깊이)는 최저 1.6mm 이상으로 유지하여야 한다.

핵심문제 95

여름철 무더운 날씨에는 엔진이 쉽게 과열된다. 이러한 현상이 발생되지 않도록 점검해야 할 사항으로 가장 관련이 없는 것은?

① 냉각수의 양
② 타이어의 공기압
③ 냉각수 누수 여부
④ 팬벨트의 여유분 휴대 여부

해설 타이어의 공기압과 엔진 과열 현상은 관련이 없다.

핵심문제 96

여름철 불쾌지수가 높아진 상태에서의 운전자 특성에 대한 설명 중 옳지 않은 것은?

① 난폭운전 경향이 높다.
② 경음기 사용을 자제하는 경향이 있다.
③ 사소한 일에도 언성을 높이는 경향이 있다.
④ 수면 부족이 졸음운전으로 이어지기도 한다.

해설 운전자가 기온과 습도 상승으로 불쾌지수가 높아져 적절히 대응하지 못하면 이성적 통제가 어려워져 난폭운전, 불필요한 경음기 사용, 사소한 일에도 언성을 높이며 잘못을 전가하려는 행동이 나타난다. 또한 수면부족과 피로로 인한 졸음운전 등도 집중력 저하 요인으로 작용한다.

핵심문제 97

위험물 수송 탱크로리의 안전운전에 대한 설명으로 틀린 것은?

① 적재차량은 빈 차보다 차량 높이가 높아지므로 위쪽이 부딪히지 않게 주의한다.
② 도로교통 관련법규, 위험물취급 관련법규 등을 철저히 준수하여 운행한다.
③ 부득이하게 소속회사가 정한 운행경로를 변경하는 때에는 사전에 연락한다.
④ 터널을 통과하는 경우 전방 이상사태 발생유무를 확인하면서 진입한다.

해설 적재차량은 화물의 무게로 인해 차체가 무거워지게 되므로 오히려 빈 차보다 차량의 높이가 낮아지게 된다. 따라서 빈 차의 경우에는 적재차량이 통과한 장소라도 주의하여야 한다.

정답 93 ① 94 ④ 95 ② 96 ② 97 ①

핵심문제 98

위험물을 운송할 때 주의사항으로 옳지 않은 것은?

① 육교 등의 아래 부분에 접촉할 우려가 있는 경우에는 다른 길로 우회하여 운행한다.
② 위험물을 이송하고 만차로 육교 밑을 통과할 경우 적재차량보다 차의 높이가 낮게 되므로 예전에 통과한 장소라면 주의할 필요 없이 통과한다.
③ 육교 밑을 통과할 때에는 높이에 주의하여 서서히 운행하여야 한다.
④ 터널에 진입하는 경우는 전방에 이상사태가 발생하지 않았는지 표시등을 확인하면서 진입하여야 한다.

해설 예전에 통과한 장소라도 육교 밑을 통과할 때에는 차의 높이가 낮게 되는 것과 관계없이 항상 높이에 주의하여 서서히 운행하여야 한다.

핵심문제 99

가스 저장시설로부터 차량에 고정된 탱크로 가스를 주입할 때 취할 조치로 잘못된 것은?

① 차량의 엔진이나 전기장치로 인한 스파크 발생에 주의한다.
② 차량이 움직이지 않도록 바퀴를 고정목 등으로 확실하게 고정시킨다.
③ 불의의 화재발생에 대비하여 소화기를 즉시 사용할 수 있는가를 확인한다.
④ 위험한 작업이므로 운전자는 가급적 차량으로부터 멀리 떨어져 있도록 한다.

해설 탱크가 고정된 차량의 운전자는 이입작업이 종료될 때까지 탱크로리차량의 긴급차단장치 부근에 위치하여야 하며, 가스누출 등 긴급사태 발생 시 안전관리자의 지시에 따라 신속하게 차량의 긴급차단장치를 작동하거나 차량이동 등의 조치를 취하여야 한다.

핵심문제 100

위험물(가스) 수송차량의 운전자가 주의할 사항으로 옳지 않은 것은?

① 운행 및 주차 시의 안전조치와 재해발생 시에 취해야 할 조치를 숙지한다.
② 운송 중은 물론 정차 시에도 허용된 장소 이외에서는 흡연이나 그 밖의 화기를 사용하지 않는다.
③ 가스탱크 수리는 주변과 차단된 밀폐된 공간에서 한다.
④ 지정된 장소가 아닌 곳에서는 탱크로리 상호 간에 취급물품을 입·출하시키지 말아야 한다.

해설 가스탱크를 수리할 때에는 밀폐된 공간이 아닌 통풍이 양호한 장소에서 실시하여야 한다.

핵심문제 101

위험물을 이입작업할 때 취해야 할 조치사항 중 옳지 않은 것은?

① 정전기 제거용 접지코드를 기지(基地)의 접지텍에 접촉한다.
② 부근의 화기가 없는가를 확인한다.
③ 차량이 앞뒤로 움직일 수 있도록 사이드 브레이크를 푼다.
④ 만일의 화재에 대비하여 소화기를 즉시 사용할 수 있도록 할 것

해설 이입작업 시 차량이 앞뒤로 움직이게 되면 사고의 위험이 있으므로, 차량이 앞뒤로 움직이지 않도록 차바퀴의 전후를 차바퀴 고정목 등으로 확실하게 고정시켜야 한다.

정답 98 ② 99 ④ 100 ③ 101 ③

핵심문제 102

차량에 고정된 탱크를 안전하게 운행하기 위한 운행 전 점검사항으로 거리가 먼 것은?

① 밸브류가 확실히 닫혀 있는지 확인한다.
② 호스 접속구의 캡이 부착되어 있는지 확인한다.
③ 동력전달장치 접속부의 이완 여부를 확인한다.
④ 위험물취급 교육이수증 소지 여부를 확인한다.

해설 위험물취급 교육이수증은 점검사항에 해당하지 않는다.

핵심문제 103

탱크로리의 위험물 운송과 관련된 주의사항으로 틀린 것은?

① 빈 차의 경우 적재차량보다 차의 높이가 높게 되므로 적재차량이 통과한 장소라도 주의한다.
② 차를 수리할 때는 통풍이 양호한 장소에서 수리한다.
③ 저온 및 초저온 가스의 경우에는 가죽장갑 등을 끼고 작업한다.
④ 이송 후에는 밸브의 누출 여부에 관계없이 개폐는 신속히 한다.

해설 위험물 이송 전·후에 밸브의 누출 유무를 점검하고 개폐는 서서히 행하여야 한다.

핵심문제 104

고압가스 충전용기를 적재한 차량의 주·정차 시 준수할 사항으로 옳지 않은 것은?

① 가능한 한 평탄한 곳에 주차시킬 것
② 교통량이 적은 안전한 장소에 주차시킬 것
③ 주택 및 상가 등이 밀집된 지역에 주차할 것
④ 엔진 정지 후 사이드 브레이크 작동시키고 차바퀴를 고정목으로 고정시킬 것

해설 고압가스 충전용기를 적재한 차량은 만일의 사태에 대비하여 주택 및 상가 밀집지역에 주차하여서는 안 된다.

핵심문제 105

고압가스 충전용기를 적재한 차량을 주차 또는 정차시킬 때의 주의사항으로 틀린 것은?

① 주·정차 장소는 가급적 평탄하고 교통량이 적은 안전한 장소를 택한다.
② 운반 책임자와 운전자는 함께 위험물 차량에서 멀리 벗어나도 된다.
③ 고장으로 정차하는 경우에는 고장자동차의 표지 등을 설치하여 다른 차와의 충돌을 피하기 위한 조치를 추한다.
④ 주차할 때에는 엔진을 정지시킨 후 사이드브레이크를 걸어 놓고 반드시 차바퀴를 고정목 등으로 고정시킨다.

해설 운반 책임자와 운전자는 부득이한 경우를 제외하고는 당해 차량에서 동시에 이탈하지 아니하여야 하며, 등시에 이탈할 경우에는 차량이 쉽게 보이는 장소에 주차하여야 한다.

정답 102 ④ 103 ④ 104 ③ 105 ②

04 운송서비스

핵심이론

01 운전자
물류의 최일선에 있는 운전자는 고객만족을 위한 수요창출에 누구보다 중요한 위치를 점하고 있으며, 대고객서비스의 수준을 높이는 일선 근무자

02 고객의 욕구
- 기억되기를 바람
- 관심을 가져주기를 바람
- 환영받고 싶어 함
- 중요한 사람으로 인식되기를 바람

03 고객만족을 위한 서비스 품질의 분류
- 상품 품질 : 성능 및 사용방법을 구현한 하드웨어 품질
- 영업 품질 : 고객이 현장사원 등과 접하는 환경과 분위기를 고객만족으로 실현하기 위한 소프트웨어 품질
- 서비스 품질 : 고객으로부터 신뢰를 획득하기 위한 휴먼웨어 품질

04 고객의 결정에 영향을 미치는 요인
- 구전에 의한 의사소통
- 개인적인 성격이나 환경적 요인
- 과거의 경험
- 서비스 제공자의 커뮤니케이션

05 대화 시 올바른 언어예절
- 엉뚱한 곳을 보고 이야기하지 않을 것
- 상대방의 약점을 지적하는 것을 피할 것
- 쉽게 흥분하지 않을 것
- 감정에 치우치지 않을 것

06 화물차량 작업상 예상되는 어려움
- 장시간 운행 및 작업공간 부족(차내 운전)
- 주·야간의 운행으로 생활리듬이 불규칙한 생활의 연속
- 공로운행에 따른 교통사고에 대한 위기의식 잠재
- 화물의 특수수송에 따른 운임에 대한 불안감(회사부도 등)

07 운행 전 주의사항
- 배차사항 확인
- 지시, 전달사항 확인
- 적재물의 특성을 확인하여 특별한 안전조치가 요구되는 화물에 대해서는 사전 안전장비를 장치 및 휴대 후 운행

08 경영정보시스템
기업경영에서 의사결정의 유효성을 높이기 위해 경영 내외의 관련 정보를 필요에 따라 즉각적으로 그리고 대량으로 수집, 전달, 처리, 저장, 이용할 수 있도록 편성한 인간과 컴퓨터와의 결합시스템

09 전사적 자원관리
기업활동을 위해 사용되는 기업 내의 모든 인적, 물적 자원을 효율적으로 관리하여 궁극적으로 기업의 경쟁력을 강화시켜 주는 역할을 하는 통합정보시스템

10 공급망 관리
고객 및 투자자에게 부가가치를 창출할 수 있도록 최초의 공급업체로부터 최종 소비자에게 이르기까지의 상품·서비스 및 정보의 흐름이 관련된 프로세스를 통합적으로 운영하는 경영전략

11 효율적 고객대응
제품의 생산단계에서부터 도매·소매에 이르기까지 전 과정을 하나의 프로세스로 보아 관련기업들의 긴밀한 협력을 통해 전체로서의 효율 극대화를 추구하는 효율적 고객대응기법

12 물류의 6대 기능
- 운송기능 : 물품을 공간적으로 이동시키는 것으로, 수송에 의하여 생산지와 수요지의 공간적 거리가 극복되어 상품의 장소적(공간적) 효용을 창출
- 포장기능 : 물품의 수·배송, 보관, 하역 등에 있어서 가치 및 상태를 유지하기 위해 적절한 재료, 용기 등을 이용해서 포장하여 보호하고자 하는 활동으로, 포장은 단위포장(개별포장), 내부포장(속포장), 외부포장(겉포장)으로 구분
- 보관기능 : 물품을 창고 등의 보관시설에 보관하는 활동으로, 생산과 소비의 시간적 차이를 조정하여 시간적 효용을 창출
- 하역기능 : 수송과 보관의 양단에 걸친 물품의 취급으로 물품을 상하좌우로 이동시키는 활동

- 정보기능 : 물류정보를 수집, 가공, 제공하여 운송, 보관, 하역, 포장, 유통가공 등의 기능을 컴퓨터 등의 전자적 수단으로 연결하여 줌으로써 종합적인 물류관리의 효율화를 도모할 수 있도록 하는 기능
- 유통가공기능 : 물품의 유통과정에서 물류효율을 향상시키기 위하여 가공하는 활동으로, 단순가공, 재포장 또는 조립 등 제품이나 상품의 부가가치를 높이기 위한 활동

13 물류네트워크의 평가와 감사를 위한 일반적 지침
- 수요
- 고객서비스
- 제품특성
- 물류비용
- 가격결정 정책

14 물적 유통과정
생산된 재화가 최종 고객이나 소비자에게까지 전달되는 물류과정

15 물류계획 수립의 3단계
전략 – 전술 – 운영

16 물류업의 구분
- 자사물류(제1자 물류) : 기업이 사내에 물류조직을 두고 물류업무를 직접 수행
- 물류자회사(제2자 물류) : 기업이 사내의 물류조직을 별도로 분리하여 자회사로 독립시키는 경우
- 제3자 물류 : 외부의 전문물류업체에게 물류업무를 아웃소싱하는 경우
- 제4자 물류 : 제3자 물류 + 컨설팅

17 공급망 관리에 있어서 제4자 물류의 4단계
재창조(Reinvention) → 전환(Transformation) → 이행(Implementation) → 실행(Execution)

18 재창조 단계
공급망에 참여하고 있는 복수의 기업과 독립된 공급망 참여자들 사이의 협력을 넘어서 공급망의 계획과 동기화에 의해 가능한 것으로, 재창조는 참여자의 공급망을 통합하기 위해서 비즈니스 전략을 공급망 전략과 제휴하면서 전통적인 공급망 컨설팅 기술을 강화함

19 운송 관련 용어
- 배송 : 상거래가 성립된 후 상품을 고객이 지정하는 수하인에게 수송 및 배달하는 것
- 운수 : 행정상 또는 법률상의 운송
- 교통 : 현상적인 시각에서의 재화의 이동
- 운송 : 서비스 공급 측면에서의 재화의 이동
- 운반 : 한정된 공간과 범위 내에서의 재화의 이동

20 선박 및 철도와 비교한 화물자동차 운송의 특징
- 원활한 기동성과 신속한 수배송
- 신속하고 정확한 문전운송
- 다양한 고객요구 수용
- 운송단위가 소량
- 에너지 다소비형의 운송기관

21 포장
물품의 운송·보관 등에 있어서 물품의 가치와 상태를 보호하는 것

22 실차율
총 주행거리에 대해 실제로 화물을 싣고 운행한 거리의 비율

23 수·배송관리시스템
주문상황에 대해 최적의 수·배송계획을 수립함으로써 수송비용을 절감하려는 시스템

24 운수·배송활동 3단계 : 계획 – 실시 – 통제
- 계획 : 수송수단 선정, 수송경로 선정, 수송로트(lot) 결정, 다이어그램 시스템 설계, 배송센터의 수 및 위치 선정, 배송지역 결정 등
- 실시 : 배차 수배, 화물적재 지시, 배송지시, 발송정보 착하지에의 연락, 반송화물 정보관리, 화물의 추적 파악 등
- 통제 : 운임계산, 자동차적재효율 분석, 자동차가동률 분석, 반품운임 분석, 빈용기운임 분석, 오송 분석, 교착수송 분석, 사고 분석 등

25 주파수 공용통신의 도입효과
- 사전배차계획 수립과 배차계획 수정 가능, 도착시간의 정확한 추정 가능
- 체크아웃 포인트의 설치나 화물추적기능 활용으로 수·배송 지연사유 분석 가능
- 고장차량에 대응한 차량 재배치나 지연사유 분석 가능

26 신속대응(QR)
신속하고 민첩한 체계를 활용하는 물류서비스 기법

27 가상기업
급변하는 상황에 민첩하게 대응하기 위한 전략적 기업제휴를 의미

28 고객의 물류클레임 중 제품의 품질만큼 중요하게 여기는 것
- 오손
- 파손
- 오품
- 수량오류
- 오량
- 오출하
- 전표오류
- 지연

29 이어타기 수송
도킹수송과 유사한 것으로 중간지점에서 운전자만 교체하는 수송방법

핵심문제 01

로지스틱스 회사에서 고객만족을 위한 수요창출에 누구보다 중요한 위치를 점하고 있는 일선 근무자는?

① 최고경영자 ② 임원
③ 운전자 ④ 중간관리자

해설 물류의 최일선에 있는 운전자는 고객만족을 위한 수요창출에 누구보다 중요한 위치를 점하고 있으며, 대고객서비스의 수준을 높이는 일선 근무자이다.

핵심문제 02

고객의 욕구라고 할 수 없는 내용은?

① 기억되기를 바란다. ② 관심을 가지는 것을 싫어한다.
③ 환영받고 싶어한다. ④ 중요한 사람으로 인식되기를 바란다.

해설 고객은 관심을 가져주기를 바란다.

핵심문제 03

고객이 현장사원 등과 접하는 환경과 분위기를 고객만족 쪽으로 실현하기 위한 소프트웨어(Software) 품질은?

① 영업품질 ② 상품품질
③ 서비스 품질 ④ 기대품질

해설 고객이 현장사원 등과 접하는 환경과 분위기를 고객만족 쪽으로 실현하기 위한 소프트웨어 품질은 영업품질이다.

핵심문제 04

고객만족을 위한 서비스 품질의 분류에 속하는 것은?

① 경험 품질 ② 소비 품질
③ 영업 품질 ④ 신뢰 품질

해설 **서비스 품질의 분류**
- 상품 품질 : 성능 및 사용방법을 구현한 하드웨어 품질
- 영업 품질 : 고객이 현장사원 등과 접하는 환경과 분위기를 고객만족으로 실현하기 위한 소프트웨어 품질
- 서비스 품질 : 고객으로부터 신뢰를 획득하기 위한 휴먼웨어 품질

핵심문제 05

고객만족을 위한 서비스 품질로 볼 수 없는 것은?

① 기대 품질 ② 상품 품질
③ 영업 품질 ④ 서비스 품질(휴먼웨어 품질)

해설 고객만족을 위한 서비스 품질은 상품 품질, 영업 품질, 서비스 품질로 구분된다.

정답 01 ③ 02 ② 03 ① 04 ③ 05 ①

핵심문제 06

고객의 결정에 영향을 미치는 결정적 요인이라고 볼 수 없는 것은?

① 구전에 의한 의사소통
② 개인적인 성격이나 환경적 요인
③ 과거의 경험
④ 국제금융정세

해설 고객의 결정에 영향을 미치는 요인은 구전에 의한 의사소통, 개인적인 성격이나 환경적 요인, 과거의 경험, 서비스 제공자의 커뮤니케이션 등을 들 수 있다.

핵심문제 07

고객만족을 위한 행동예절 중 인사할 때의 마음가짐에 관한 설명 중 잘못된 것은?

① 정중하게 한다.
② 의례적으로 한다.
③ 밝은 미소로 한다.
④ 인사하는 지점의 상대방과의 거리는 약 2m 정도가 좋다.

해설 인사할 때는 정성과 감사의 마음으로, 예절바르고 정중하게, 밝고 상냥한 미소로, 경쾌하고 겸손한 인사말과 함께 하여야 한다.

핵심문제 08

다음 중 고객 대면 시 인사하는 마음가짐으로 적합하지 않은 것은?

① 예절바르고 정중하게 하여야 한다.
② 정성과 미안한 마음으로 하여야 한다.
③ 밝고 상냥한 미소로 하여야 한다.
④ 경쾌하고 겸손한 인사말과 함께 하여야 한다.

해설 인사할 때는 정성과 감사의 마음으로, 예절바르고 정중하게, 밝고 상냥한 미소로, 경쾌하고 겸손한 인사말과 함께 하여야 한다.

핵심문제 09

대화를 나눌 때 올바른 언어예절이라 할 수 있는 것은?

① 엉뚱한 곳을 보고 이야기한다.
② 상대방 약점을 가끔 지적하면서 이야기한다.
③ 일부분을 듣고 전체를 속단하여 말하지 않는다.
④ 매사 쉽게 흥분한다.

해설 대화를 나눌 때 엉뚱한 곳을 보고 이야기하지 않고, 상대방의 약점을 지적하는 것을 피하고, 쉽게 흥분하거나 감정에 치우치지 않아야 한다.

핵심문제 10

담배꽁초의 처리방법으로 가장 적절한 것은?

① 꽁초를 손가락으로 튕겨 버린다.
② 꽁초를 바닥에다 버리고 발로 밟아 버린다.
③ 차창 밖으로 버리지 않는다.
④ 화장실 변기에 버린다.

해설 담배꽁초는 반드시 재떨이에 버려야 한다.

핵심문제 11

운전자가 가져야 할 기본적 자세라고 볼 수 없는 것은?

① 추측운전
② 교통법규의 이해와 준수
③ 여유있고 양보하는 마음으로 운전
④ 몸과 마음의 안정적인 상태 유지

해설 운전자는 추측운전과 같은 자기에게 유리한 판단이나 행동은 삼가며, 조그마한 의심이라도 들면 반드시 안전을 확인한 후 행동으로 옮겨야 한다.

정답 06 ④ 07 ② 08 ② 09 ③ 10 ③ 11 ①

핵심문제 12

화물차량 작업상 예상되는 어려움으로 볼 수 없는 것은?

① 화물의 특수수송에 따른 운임에 대한 불안감
② 공로운행에 따른 타 차량과 교통사고에 대한 위기의식 잠재
③ 주·야간의 운행으로 불규칙한 생활의 연속
④ 차량의 장시간 운전으로 운전능력 향상

해설 화물차량 운전의 어려움으로는 장시간 운행 및 작업공간부족(차내 운전), 주·야간의 운행으로 생활리듬이 불규칙한 생활의 연속, 공로운행에 따른 교통사고에 대한 위기의식 잠재, 화물의 특수수송에 따른 운임에 대한 불안감(회사부도 등)이 있다.

핵심문제 13

운전자의 신상변동 등이 발생했을 경우에 대한 조치로 부적절한 것은?

① 결근, 지각, 조퇴가 필요한 경우 회사에 즉시 보고
② 운전면허 일시정지, 취소 등의 면허 행정처분 시 즉시 회사에 보고하고 어떠한 경우라도 운전 금지
③ 운전면허 기재사항 변경 시 회사에 보고 생략
④ 질병 등 신상변동 시 회사에 즉시 보고

해설 운전면허 기재사항 변경 시에도 생략하지 말고 회사에 즉시 보고하는 조치가 필요하다.

핵심문제 14

운행 전 주의사항에 해당하는 것은?

① 후진 시에는 유도요원을 배치하여 신호에 따라 안전하게 후진한다.
② 배차사항 및 지시, 전달사항을 확인한다.
③ 내리막길에서는 풋 브레이크의 장시간 사용을 삼가고, 엔진 브레이크 등을 적절히 사용하여 안전운행한다.
④ 후속차량이 추월하고자 할 때는 감속 등으로 양보운전을 하여야 한다.

해설 운행 전 운전자는 배차 및 지시, 전달사항을 확인하고 적재물의 특성을 확인하여 특별한 안전조치가 요구되는 화물에 대해서는 사전 안전장비를 장치 및 휴대 후 운행하여야 한다.

핵심문제 15

'자기가 맡은 역할을 수행하는 능력을 인정받는 곳'이란 의미는 직업의 4가지 의미에서 어디어 해당되나?

① 경제적 의미
② 정치적 의미
③ 정신적 의미
④ 사회적 의미

해설 자기가 맡은 역할을 수행하는 능력을 인정받는 곳이라는 의미는 직업의 사회적 의미에 해당한다.

핵심문제 16

경제적 가치를 창출하는 곳이란 의미는 직업의 4가지 의미에서 어디에 해당되는가?

① 경제적 의미
② 철학적 의미
③ 정신적 의미
④ 사회적 의미

해설 일터, 일자리, 경제적 가치를 창출하는 곳이라는 의미는 직업의 경제적 의미에 해당한다.

정답 12 ④ 13 ③ 14 ② 15 ④ 16 ①

핵심문제 17

최초의 공급업체로부터 최종 소비자에게 이르기까지 서비스의 흐름과정을 통합적으로 운영하는 경영전략은?

① 경영정보시스템 ② 전사적 자원관리
③ 공급망관리 ④ 효율적 고객대응

해설 공급망관리는 고객 및 투자자에게 부가가치를 창출할 수 있도록 최초의 공급업체로부터 최종 소비자에게 이르기까지의 상품ㆍ서비스 및 정보의 흐름이 관련된 프로세스를 통합적으로 운영하는 경영전략을 말한다.
① 경영정보시스템 : 기업경영에서 의사결정의 유효성을 높이기 위해 경영 내외의 관련 정보를 필요에 따라 즉각적으로 그리고 대량으로 수집, 전달, 처리, 저장, 이용할 수 있도록 편성한 인간과 컴퓨터와의 결합시스템
② 전사적 자원관리 : 기업활동을 위해 사용되는 기업 내의 모든 인적, 물적 자원을 효율적으로 관리하여 궁극적으로 기업의 경쟁력을 강화시켜 주는 역할을 하는 통합정보시스템
④ 효율적 고객대응 : 제품의 생산단계에서부터 도매ㆍ소매에 이르기까지 전 과정을 하나의 프로세스로 보아 관련기업들의 긴밀한 협력을 통해 전체로서의 효율 극대화를 추구하는 효율적 고객대응기법

핵심문제 18

물류비를 절감하여 물가 상승을 억제하고 정시배송의 실현을 통한 수요자 서비스 향상에 이바지하는 물류 관점은?

① 사회경제적 관점 ② 국민경제적 관점
③ 개별기업적 관점 ④ 종합국가적 관점

해설 국민경제적 관점에서의 물류의 역할이다.

핵심문제 19

물품을 하역하는 작업에서 주로 사용되는 장비가 아닌 것은?

① 크레인 ② 레커차
③ 지게차 ④ 컨베이어

해설 하역작업의 대표적인 방식은 컨테이너(container)화와 파렛트(pallet)화이며, 컨테이너 화물과 파렛트 화물은 크레인, 지게차, 컨베이어 등의 기계를 사용하여 하역한다.

핵심문제 20

운송에 의해서 생산지와 수요지와의 공간적 거리가 극복되어 상품의 장소적 효용을 창출하는 물류기능은?

① 운송기능 ② 포장기능
③ 하역기능 ④ 배송기능

해설 **물류의 6대 기능**
- 운송기능 : 물품을 공간적으로 이동시키는 것으로, 수송에 의하여 생산지와 수요지의 공간적 거리가 극복되어 상품의 장소적(공간적) 효용을 창출
- 포장기능 : 물품의 수ㆍ배송, 보관, 하역 등에 있어서 가치 및 상태를 유지하기 위해 적절한 재료, 용기 등을 이용해서 포장하여 보호하고자 하는 활동으로, 포장은 단위포장(개별포장), 내부포장(속포장), 외부포장(겉포장)으로 구분
- 보관기능 : 물품을 창고 등의 보관시설에 보관하는 활동으로, 생산과 소비의 시간적 차이를 조정하여 시간적 효용을 창출
- 하역기능 : 수송과 보관의 양단에 걸친 물품의 취급으로 물품을 상하좌우로 이동시키는 활동
- 정보기능 : 물류정보를 수집, 가공, 제공하여 운송, 보관, 하역, 포장, 유통가공 등의 기능을 컴퓨터 등의 전자적 수단으로 연결하여 줌으로써 종합적인 물류관리의 효율화를 도모할 수 있도록 하는 기능
- 유통가공기능 : 물품의 유통과정에서 물류효율을 향상시키기 위하여 가공하는 활동으로, 단순가공, 재포장 또는 조립 등 제품이나 상품의 부가가치를 높이기 위한 활동

정답 17 ③ 18 ② 19 ② 20 ①

핵심문제 21

물류의 주요 기능과 거리가 먼 것은?

① 운송기능 ② 포장기능
③ 제조기능 ④ 하역기능

해설 물류의 6대 기능은 운송, 포장, 보관, 하역, 정보, 유통가공기능이다.

핵심문제 22

물류관리의 목표를 달성하기 위한 고객서비스 수준의 결정 기준은?

① 고객지향적이어야 한다. ② 판매지향적이어야 한다.
③ 소비지향적이어야 한다. ④ 보관지향적이어야 한다.

해설 고객서비스 수준의 결정은 고객지향적이어야 한다.

핵심문제 23

물류네트워크의 평가와 감사를 위한 일반적 지침과 관계가 없는 것은?

① 수요 ② 고객서비스
③ 제품특성 ④ 제품생산과정

해설 물류네트워크의 평가와 감사를 위한 일반적 지침으로는 수요, 고객서비스, 제품특성, 물류비용, 가격결정 정책이 있다.

핵심문제 24

생산된 재화가 최종 고객이나 소비자에게까지 전달되는 물류과정은?

① 물적 유통과정 ② 물적 공급과정
③ 물적 생산과정 ④ 물적 소비과정

해설 물적 유통과정이란 생산된 재화가 최종 고객이나 소비자에게까지 전달되는 물류과정을 의미한다.

핵심문제 25

물류의 발전방향과 거리가 먼 것은?

① 비용절감 ② 요구되는 수준의 서비스 제공
③ 기업의 성장을 위한 물류전략의 개발 ④ 물류의 재고량 증가

해설 물류의 재고량 증가는 물류의 발전방향과 거리가 멀다.

핵심문제 26

다음 중 물류계획 수립의 3단계에 포함되지 않는 것은?

① 전략 ② 운영
③ 전술 ④ 통제

해설 물류계획 수립은 전략, 전술, 운영의 3단계(단계의 주요 차이점은 계획기간에 있음)가 있다.

정답 21 ③ 22 ① 23 ④ 24 ① 25 ④ 26 ④

핵심문제 27

화주기업이 물류비 절감 등 물류활동을 효율화할 수 있도록 기능 전체 혹은 일부를 대행하는 물류업은?

① 자사물류업
② 제1자 물류업
③ 제2자 물류업
④ 제3자 물류업

해설 **물류업의 구분**
- 자사물류(=제1자 물류) : 기업이 사내에 물류조직을 두고 물류업무를 직접 수행
- 물류자회사(=제2자 물류) : 기업이 사내의 물류조직을 별도로 분리하여 자회사로 독립시키는 경우
- 제3자 물류 : 외부의 전문물류업체에게 물류업무를 아웃소싱하는 경우
- 제4자 물류 : 제3자 물류+컨설팅

핵심문제 28

화주기업이 직접 물류활동을 처리하는 자사물류를 무엇이라 하는가?

① 제1자 물류
② 제2자 물류
③ 제3자 물류
④ 제4자 물류

해설 화주기업이 직접 물류활동을 처리하는 자사물류는 제1자 물류이다.

핵심문제 29

일반적인 물류의 발전과정으로 맞는 것은?

① 자사물류 → 물류자회사 → 제3자 물류
② 물류자회사 → 자사물류 → 제3자 물류
③ 자사물류 → 제3자 물류 → 물류자회사
④ 물류자회사 → 제3자 물류 → 자사물류

해설 제3자 물류의 발전과정은 자사물류(1자) → 물류자회사(2자) → 제3자 물류이며, 실제 이행과정은 이보다 복잡한 구조를 보인다.

핵심문제 30

제3자 물류의 발전동향에 대한 설명으로 틀린 것은?

① 수요자 측면에서는 물류전문업체와의 전략적 제휴, 협력을 통해 물류효율화를 추진하고자 하는 화주기업이 줄어들고 있다.
② 공급자 측면에서는 신규 물류업체와 외국 물류기업의 시장 참여가 늘어남에 따라 물류시장의 경쟁구조가 한층 더 심화되고 있다.
③ 각종 행정규제가 크게 완화됨에 따라 특정 물류업종 안에서의 물류업체 간 경쟁이 심화되고 있다.
④ 기능이 유사한 물류업종 간의 경쟁이 더 치열해지고 있다.

해설 수요자 측면에서는 물류전문업체와의 전략적 제휴·협력을 통해 물류효율화를 추진하고자 하는 화주기업이 증가하고 있다.

핵심문제 31

제4자 물류(4PL)의 일반적인 개념과 거리가 먼 것은?

① 제4자 물류(4PL)의 핵심은 고객에게 제공되는 서비스를 극대화하는 것이다.
② 제4자 물류의 발전은 제3자 물류(3PL)의 능력, 전문적인 서비스 제공, 비즈니스 프로세스 관리 등의 통합과 운영의 자율성을 배가시키고 있다.
③ 컨설팅 기능까지 수행할 수 있는 제2자 물류로 정의 내릴 수 있다.
④ 제4자 물류 공급자는 광범위한 공급망의 조직을 관리하고 기술, 능력, 자료 등을 관리하는 공급망 통합사업이다.

해설 제4자 물류는 제3자 물류의 기능에 컨설팅 업무를 추가 수행하는 것이다.

정답 27 ④ 28 ① 29 ① 30 ① 31 ③

핵심문제 32

제4자 물류는 제3자 물류 기능에 어떤 업무를 추가 수행하는가?

① 생산업무 ② 컨설팅 업무
③ 판매 업무 ④ 지원 업무

해설 제4자 물류는 제3자 물류 기능에 컨설팅 업무를 추가 수행하는 것이다.

핵심문제 33

제4자 물류의 개념을 설명한 내용과 거리가 먼 것은?

① 화주가 직접 물류를 처리한다.
② 공급사슬의 모든 활동과 계획관리를 전담한다.
③ 제3자 물류의 기능에 컨설팅 업무를 추가로 수행한다.
④ 광범위한 공급사슬의 조직을 관리한다.

해설 화주가 직접 물류를 처리하면 제1자 물류에 해당한다.

핵심문제 34

공급망 관리에 있어서 제4자 물류의 4단계를 순서대로 바르게 나열한 것은?

① 전환 → 실행 → 재창조 → 이행
② 재창조 → 전환 → 이행 → 실행
③ 실행 → 전환 → 이행 → 재창조
④ 이행 → 재창조 → 전화 → 실행

해설 제4자 물류는 재창조(Reinvention) → 전환(Transformation) → 이행(Implementation) → 실행(Execution)의 4단계를 거친다.

핵심문제 35

공급망관리에 있어 제4자 물류의 4단계 중 참여자의 공급망을 통합하기 위해서 비즈니스 전략을 공급망 전략과 제휴하면서 전통적인 공급망 컨설팅 기술을 강화하는 단계는?

① 재창조 ② 전환
③ 이행   ④ 실행

해설 재창조 단계는 공급망에 참여하고 있는 복수의 기업과 독립된 공급망 참여자들 사이에 협력을 넘어서 공급망의 계획과 동기화에 의해 가능한 것으로, 재창조는 참여자의 공급망을 통합하기 위해서 비즈니스 전략을 공급망 전략과 제휴하면서 전통적인 공급망 컨설팅 기술을 강화한다.

핵심문제 36

운송 관련 용어의 의미로 올바르지 않은 것은?

① 배송 : 상거래가 성립된 후 상품을 고객이 지정하는 수하인에게 수송 및 배달하는 것
② 운수 : 행정상 또는 법률상의 운송
③ 운반 : 현상적인 시각에서의 재화의 이동
④ 운송 : 서비스 공급 측면에서의 재화의 이동

해설 현상적인 시각에서의 재화의 이동은 교통이며, 운반은 한정된 공간과 범위 내에서의 재화의 이동을 의미한다.

정답 32 ② 33 ① 34 ② 35 ① 36 ③

핵심문제 37

철도나 선박과 비교한 트럭수송의 장점에 해당하는 것은?

① 문전에서 문전으로 배송서비스를 탄력적으로 행할 수 있다.
② 진동, 소음, 스모그 등 공해 문제를 야기한다.
③ 대량으로 물류 수송이 가능하여 연료소비를 줄일 수 있다.
④ 수송단위가 작고 연료비나 인건비(장거리의 경우) 등 수송단가가 높다.

해설 선박 및 철도와 비교한 화물자동차 운송의 특징
- 원활한 기동성과 신속한 수배송
- 신속하고 정확한 문전운송
- 다양한 고객요구 수용
- 운송단위가 소량
- 에너지 다소비형의 운송기관

핵심문제 38

물품의 운송·보관 등에 있어서 물품의 가치와 상태를 보호하는 것을 나타내는 용어는?

① 포장　　　　　　　　　　　　② 하역
③ 정보　　　　　　　　　　　　④ 보관

해설 포장은 물품의 운송·보관 등에 있어서 물품의 가치와 상태를 보호하는 것이다.

핵심문제 39

선박 및 철도와 비교한 화물자동차 운송의 특징을 잘 설명하고 있는 것은?

① 선박과 철도에 비해 대량 수송 가능
② 원활한 기동성과 신속한 수·배송 가능
③ 운송기간 과다 소요 또는 궤도노선에 의지
④ 별도의 컨테이너 집하장 반드시 필요

해설 기동성과 신속성이 화물자동차 운송의 가장 큰 특징이다.

핵심문제 40

화물자동차 운송의 효율성을 나타내는 지표 중에서 총 주행거리에 대해 실제로 화물을 싣고 운행한 거리의 비율을 무엇이라 하는가?

① 실차율　　　　　　　　　　　② 적재율
③ 공차거리율　　　　　　　　　④ 가동률

해설 총 주행거리에 대해 실제로 화물을 싣고 운행한 거리의 비율을 실차율이라고 한다.

핵심문제 41

운수·배송활동 3가지 단계의 물류정보처리기능에 해당되지 않는 것은?

① 판매　　　　　　　　　　　　② 실시
③ 계획　　　　　　　　　　　　④ 통제

해설 운수·배송활동 3단계 : 계획 – 실시 – 통제
- 계획 : 수송수단 선정, 수송경로 선정, 수송로트(lot) 결정, 다이어그램 시스템 설계, 배송센터의 수 및 위치 선정, 배송지역 결정 등
- 실시 : 배차 수배, 화물적재 지시, 배송지시, 발송정보 착하지에의 연락, 반송화물 정보관리, 화물의 추적 파악 등
- 통제 : 운임계산, 자동차적재효율 분석, 자동차가동률 분석, 반품운임 분석, 빈용기운임 분석, 오송 분석, 교착수송 분석, 사고 분석 등

정답　37 ① 　38 ① 　39 ② 　40 ① 　41 ①

핵심문제 42

화물수송에서 수·배송을 계획·실시·통제 단계로 구분할 때 실시 단계에 포함되지 않는 것은?

① 배차 수배
② 화물적재 지시
③ 수송경로 선정
④ 배송 지시

해설 수송경로 선정은 계획단계, 나머지는 실시단계에 포함된다.

핵심문제 43

주문상황에 대해 최적의 수·배송계획을 수립함으로써 수송비용을 절감하려는 시스템은?

① 화물정보시스템
② 수·배송관리시스템
③ 터미널화물정보시스템
④ 통합화물정보시스템

해설 수·배송관리시스템에 대한 내용이다.

핵심문제 44

수배송활동 3가지 단계의 물류정보처리기능에 해당하지 않는 것은?

① 계산
② 계획
③ 실시
④ 통제

해설 수배송활동 3단계는 계획, 실시, 통제이다.

핵심문제 45

물류혁신시대의 화주기업과 물류전문업계 및 종사자의 새로운 패러다임을 위한 올바른 자세라고 할 수 없는 것은?

① 표준운임제도의 시행 필요
② 물류업무의 적정한 대가 및 정당한 이익 계상
③ 서비스의 향상
④ 물류비용 상승을 위한 노력

해설 물류비용을 절감할 수 있도록 노력하여야 한다.

핵심문제 46

물류코스트의 상승과 가장 관계가 깊은 수송체계는?

① 고빈도 대량 수송체계
② 고빈도 소량 수송체계
③ 저빈도 대량 수송체계
④ 저빈도 소량 수송체계

해설 고빈도 소량 수송체계는 필연적으로 물류코스트의 상승을 가져온다.

핵심문제 47

새로운 물류서비스 기업 중 공급망관리가 표방하는 것은?

① 종합물류
② 무인도전
③ 로지스틱스
④ 토탈물류

해설 새로운 물류서비스 기업 중 공급망관리가 표방하는 것은 종합물류이다.

정답 42 ③ 43 ② 44 ① 45 ④ 46 ② 47 ①

핵심문제 48

물류시장의 경쟁 속에서 기업존속 결정의 조건에 대한 설명으로 틀린 것은?

① 사업의 존속을 결정하는 조건 중 하나는 매상증대이다.
② 사업의 존속을 결정하는 조건 중 하나는 비용감소이다.
③ 매상증대 또는 비용감소 중 어느 쪽도 달성할 수 없다면 기업이 존속하기 어렵다.
④ 매상증대와 비용감소를 모두 달성해야 기업 존속이 가능하다.

> **해설** 매상증대와 비용감소 중 어느 한 가지라도 실현시킬 수 있다면 사업의 존속이 가능하지만, 어느 쪽도 달성할 수 없다면 살아남기 힘들다.

핵심문제 49

주파수 공용통신(TRS)의 도입효과로 볼 수 없는 것은?

① 차량 위치추적 기능의 활용으로 도착시간의 정확한 예측이 가능해진다.
② 배차 후 화주의 기착지 변경이나 취소에 따른 신속대응이 가능해진다.
③ 고장차량에 대응한 차량 재배치나 지연사유 분석이 가능해진다.
④ 화주의 요구에 신속한 대응 및 화물추적이 어렵다.

> **해설** **주파수 공용통신의 도입효과**
> • 사전배차계획 수립과 배차계획 수정 가능, 도착시간의 정확한 추정 가능
> • 체크아웃 포인트의 설치나 화물추적기능 활용으로 수·배송 지연사유 분석 가능
> • 고장차량에 대응한 차량 재배치나 지연사유 분석 가능

핵심문제 50

신속하고 민첩한 체계를 통하여 생산 및 유통의 각 단계에 효율성을 실현하고 그 성과를 생산자, 유통관계자, 소비자에게 골고루 배분하는 물류서비스 기법을 무엇이라 하는가?

① 통합판매 ② 효율적 고객 대응
③ 신속대응 ④ 공급망관리

> **해설** 신속하고 민첩한 체계를 활용하는 물류서비스 기법은 신속대응(QR)이다.

핵심문제 51

실시간 교통정보를 제공하는 범지구측위시스템(GPS)의 도입효과로 볼 수 없는 것은?

① 각종 자연재해로부터 사전대비를 통해 재해를 회피할 수 있다.
② 대도시의 교통혼잡 시에 차량에서 행선지 지도와 도로사정 파악이 가능하다.
③ 밤에 운행하는 운송차량은 추적할 수 없다.
④ 운송차량의 추적시스템을 완벽하게 관리 및 통제할 수 있다.

> **해설** 밤낮으로 운행하는 운송차량을 GPS로 추적할 수 있다.

핵심문제 52

GPS의 활용범위에 대한 설명으로 거리가 먼 것은?

① 각종 자연재해로부터 사전대비를 통한 재해 회피 ② 토지조성공사 시 작업자가 리얼타임으로 신속대응
③ 대도시 교통혼잡 시 도로사정 파악 ④ 수송차의 추적시스템 통제가 어려움

> **해설** 24시간 운송차량 추적시스템을 GPS로 완벽하게 관리 및 통제할 수 있다.

정답 47 ④ 49 ④ 50 ③ 51 ③ 52 ④

핵심문제 53

통합판매 · 물류 · 생산시스템(CALS)의 도입에 있어 급변하는 상황에 민첩하게 대응하기 위한 전략적 기업제휴를 의미하는 것은?

① 벤처기업
② 가상기업
③ 한계기업
④ 상장기업

해설 급변하는 상황에 민첩하게 대응하기 위한 전략적 기업제휴를 의미하는 것은 가상기업이다.

핵심문제 54

재고품으로 주문품을 공급할 수 있는 정도를 나타내는 용어는?

① 재고신뢰성
② 주문처리시간
③ 납기
④ 주문품의 상품구색시간

해설 품절, 백오더, 주문충족률, 납품률 등 재고품으로 주문품을 공급할 수 있는 정도를 의미하는 것은 재고신뢰성이다.

핵심문제 55

고객서비스전략 수립 시 물류서비스의 내용으로 옳지 않은 것은?

① 수주부터 도착까지의 리드타임 단축
② 대량 출하체제
③ 긴급출하 대응 실시
④ 재고의 감소

해설 서비스 수준 향상을 위해 소량 출하체제를 목표로 한다.

핵심문제 56

고객의 물류클레임 중 제품의 품질만큼 중요하게 여기는 것과 거리가 먼 것은?

① 오품
② 파손
③ 고객응대
④ 오출하

해설 고객의 물류클레임 중 제품의 품질만큼 중요하게 여기는 것으로는 오손, 파손, 오품, 수량오류, 오량, 오출하, 전표오류, 지연 등이 있다.

핵심문제 57

자가용 화물운송과 비교할 때 사업용 화물운송의 장점에 해당하는 것은?

① 운임의 안정화
② 관리기능 저해
③ 수송비 저렴
④ 시스템의 일관성

해설 자가용 화물운송에 비해 사업용 화물운송은 수송비가 저렴하고 수송능력이 좋다.

핵심문제 58

도킹수송과 유사한 방법으로 중간지점에서 운전자만 교체하는 수송방법을 무엇이라 하는가?

① 고효율화 수송
② 왕복실차율 상승법
③ 이어타기 수송
④ 바퀴태우기 수송

해설 이어타기 수송이란 도킹수송과 유사한 것으로 중간지점에서 운전자만 교체하는 수송방법이다.

정답 53 ② 54 ① 55 ② 56 ③ 57 ③ 58 ③

핵심문제 59

택배종사자가 화물을 배달하고자 할 때 잘못된 것은?

① 고객과 전화 통화 시 방문 예정시간은 여유를 두고 약속한다.
② 전화를 안 받을 때에는 배달화물을 안 가지고 가도 된다.
③ 약속시간을 지키지 못할 경우에는 재차 전화하여 예정시간을 정정한다.
④ 방문 예정시간에 수하인이 없을 때에는 반드시 대리 인수자를 지명받아 그 사람에게 인계해야 한다.

해설 반드시 전화를 하고 배달할 의무는 없으나 전화를 안 받는다고 화물을 안 가지고 가면 안 된다.

정답 59 ②

PART
02

실전모의고사

01 실전모의고사 1회
02 실전모의고사 2회
03 실전모의고사 3회
04 실전모의고사 4회
05 실전모의고사 5회

01 실전모의고사 1회

실전문제 01

도로교통법에서 정의하고 있는 '안전지대'에 대한 설명으로 옳은 것은?

① 도로를 횡단하는 보행자나 통행하는 차마의 안전을 위하여 안전표지나 이와 비슷한 인공구조물로 표시한 도로의 부분
② 보행자가 안전하게 통행할 수 있도록 안전표지나 이와 비슷한 인공구조물로 표시한 도로의 부분
③ 서행하는 자동차의 안전한 운행을 위하여 안전표지나 이와 비슷한 인공구조물로 표시한 도로의 부분
④ 사고 등으로 인하여 자동차가 긴급하게 정차할 수 있도록 안전표지나 이와 비슷한 인공구조물로 표시한 도로의 부분

해설 도로교통법 제2조에서는 안전지대를 '도로를 횡단하는 보행자나 통행하는 차마의 안전을 위하여 안전표지나 이와 비슷한 인공구조물로 표시한 도로의 부분'으로 정의하고 있다.

실전문제 02

차량신호등의 종류 중 황색의 등화에 대한 설명으로 옳은 것은?

① 정지선이나 횡단보도의 직전에 일시정지한 후 다른 교통에 주의하면서 진행할 수 있다.
② 차마는 다른 교통 또는 안전표지의 표시에 주의하면서 진행할 수 있다.
③ 교차로에 차마의 일부가 진입한 경우 그 자리에 즉시 정지하여야 한다.
④ 차마는 우회전할 수 있으나 이 경우 보행자의 횡단을 방해하지 못한다.

해설 ①은 적색등화의 점멸, ②는 황색등화의 점멸에 대한 설명이며, 교차로에 차마의 일부가 진입한 경우 신속히 교차로 밖으로 진행하여야 한다.

실전문제 03

편도 3차로 이상의 고속도로에서 오른쪽 차로로 통행할 수 있는 차종은?

① 앞지르기를 하려는 소형 승합자동차
② 중형 승합자동차
③ 승용자동차
④ 화물자동차

해설 도로교통법 시행규칙 별표 9에 따르면 편도 3차로 이상의 고속도로에서 오른쪽 차로로 통행할 수 있는 차종은 대형 승합자동차, 화물자동차, 특수자동차, 도로교통법 제2조 제18호 나목에 따른 건설기계 등이다.

실전문제 04

도로교통법령상 편도 2차로 이상인 고속도로에서 위험물운반자동차의 최고속도와 최저속도가 맞게 연결된 것은?

① 최고속도 : 100km/h, 최저속도 50km/h
② 최고속도 : 100km/h, 최저속도 40km/h
③ 최고속도 : 80km/h, 최저속도 50km/h
④ 최고속도 : 80km/h, 최저속도 30km/h

해설 도로교통법 시행규칙 제19조에 따르면 편도 2차로 이상인 고속도로에서 위험물운반자동차의 최고속도는 80km/h, 최저속도는 50km/h이다.

실전문제 05

도로교통법령상 차가 즉시 정지할 수 있는 느린 속도로 진행해야 하는 장소가 아닌 곳은?

① 도로가 구부러진 부근
② 가파른 비탈길의 오르막
③ 교통정리를 하고 있지 않은 교차로
④ 비탈길의 고갯마루 부근

해설 도로교통법에 따르면 운전자는 교통정리를 하지 않는 교차로, 도로가 구부러진 부근, 비탈길의 고갯마루 부근, 가파른 비탈길의 내리막, 그 외 지방경찰청장이 안전표지로 지정한 곳에서는 서행하여야 한다.

정답 01 ① 02 ④ 03 ④ 04 ③ 05 ②

실전문제 06

철길 건널목 중 경보기와 건널목 교통안전표지만 설치되는 건널목의 종류는?

① 1종 건널목
② 2종 건널목
③ 3종 건널목
④ 4종 건널목

해설 **철길 건널목의 종류**
- 1종 건널목 : 차단기, 건널목경보기 및 교통안전표지가 설치되어 있는 경우
- 2종 건널목 : 경보기와 건널목 교통안전표지만 설치하는 건널목
- 3종 건널목 : 건널목 교통안전표지만 설치하는 건널목

실전문제 07

도로교통법령상 교통정리가 없는 교차로에서의 양보운전 방법으로 틀린 것은?

① 좌회전 차량보다 직진 차량이 우선이다.
② 이미 교차로에 들어가 있는 차가 교차로에 들어가려고 하는 차보다 우선이다.
③ 폭이 좁은 도로로부터 교차로에 진입하는 차가 우선이다.
④ 우측 도로에서 진입하는 차가 우선이다.

해설 운전자는 폭이 넓은 도로로부터 교차로에 들어가려고 하는 다른 차가 있을 때에는 그 차에게 진로를 양보하여야 한다.

실전문제 08

다음 중 제1종 대형면허 소지자만 운전할 수 있는 자동차는?

① 승차정원 15인의 승합자동차
② 도로보수트럭
③ 대형견인차
④ 3륜화물자동차

해설 도로보수트럭, 아스팔트살포기 등 건설기계는 제1종 대형면허를 소지한 자만 운전할 수 있다.
① 제2종 보통면허로도 운전할 수 있다.
③ 제1종 특수면허 소지자만 운전할 수 있다.
④ 제1종 소형면허 소지자만 운전할 수 있다.

실전문제 09

적재물이 추락하지 않도록 하기 위한 방지 조치를 위반한 경우 부과되는 벌점은?

① 10점
② 15점
③ 30점
④ 40점

해설 적재 제한 위반 또는 적재물 추락 방지 위반 시 15점의 벌점이 부과된다.

실전문제 10

다음 중 교통사고처리특례법상 보행자 보호의무 위반 사고에 해당하지 않는 것은?

① 보행신호 점멸 중 횡단보도를 마저 건너고 있는 보행자를 충돌한 경우
② 횡단보도 전에 정지한 차량을 추돌, 앞차가 밀려나 보행자를 충돌한 경우
③ 이륜차를 타고 횡단보도를 건너고 있는 보행자를 충돌한 경우
④ 횡단보도로 진입하는 차량에 의해 보행자가 충돌을 회피하려다 넘어져 다친 경우

해설 이륜차를 타고 횡단보도를 통행하는 보행자는 보행자가 아닌 제차로 간주하며, 보행자 보호의무 위반이 아닌 안전운전 불이행을 적용한다.

정답 06 ② 07 ③ 08 ② 09 ② 10 ③

실전문제 11

다음 중 화물자동차 운수사업법령에서 정의하는 화물자동차 운수사업에 해당하지 않는 것은?

① 화물자동차 운송주선사업
② 화물자동차 운송사업
③ 화물자동차 운송대행사업
④ 화물자동차 운송가맹사업

해설 화물자동차 운수사업법령에서 정의하는 화물자동차 운수사업은 화물자동차 운송사업, 화물자동차 운송주선사업 및 화물자동차 운송가맹사업을 말한다.

실전문제 12

화물자동차 운송사업의 허가사항 변경신고 대상에 해당하지 않는 것은?

① 상호의 변경
② 대표자의 변경(법인인 경우)
③ 화물취급소의 임시 휴무
④ 화물자동차의 대폐차

해설 **허가사항 변경신고의 대상**
- 상호의 변경
- 대표자의 변경(법인인 경우만 해당한다)
- 화물취급소의 설치 또는 폐지
- 화물자동차의 대폐차
- 주사무소 · 영업소 및 화물자동차의 이전. 다만, 주사무소의 경우 관할 관청의 행정구역 내에서의 이전만 해당한다.

실전문제 13

자동차관리법령상 화물자동차의 유형별 분류 중 적재함을 원동기의 힘으로 기울여 적재물을 중력에 의하여 쉽게 미끄러뜨리는 구조의 화물운송용 화물자동차의 종류는?

① 일반형
② 덤프형
③ 밴형
④ 견인형

해설 **화물자동차의 유형별 세부기준(자동차관리법 시행규칙 별표 1)**
- 일반형 : 보통의 화물운송용인 것
- 덤프형 : 적재함을 원동기의 힘으로 기울여 적재물을 중력에 의하여 쉽게 미끄러뜨리는 구조의 화물운송용인 것
- 지붕구조의 덮개가 있는 화물운송용인 것
- 특수용도형 : 특정한 용도를 위하여 특수한 구조로 하거나 기구를 장치한 것으로서 위 어느 형에도 속하지 아니하는 화물운송용인 것

실전문제 14

도로법 시행령에 따라 차량의 구조나 적재화물의 특수성으로 인해 관리청의 허가를 받으려는 자가 도로 관리청에 제출하여야 하는 신청서에 기재하여야 하는 사항이 아닌 것은?

① 운행하려는 도로의 종류
② 차량의 제원
③ 운행기간
④ 운행자의 인적사항

해설 차량의 구조나 적재화물의 특수성으로 인해 관리청의 허가를 받으려는 자는 신청서에 다음 각 호의 사항을 기대하여 도로 관리청에 제출하여야 한다(시행령 제79조 제4항).
- 운행하려는 도로의 종류 및 노선명
- 운행구간 및 그 총 연장
- 차량의 제원(諸元)
- 운행기간 · 목적 · 방법

정답 11 ③ 12 ③ 13 ② 14 ④

실전문제 15

운송사업자가 적재물배상 책임보험에 가입할 경우 가입 단위는?

① 각 화물자동차별
② 각 사업장별
③ 각 사업자별
④ 최대적재량별

해설 **적재물배상 책임보험 등의 가입 범위**
- 운송사업자 : 각 화물자동차별로 가입
- 운송주선사업자 : 각 사업자별로 가입
- 운송가맹사업자 : 최대 적재량이 5톤 이상이거나 총중량이 10톤 이상인 화물자동차 중 일반형 · 밴형 및 특수용도형 화물자동차와 견인형 특수자동차를 소유한 자는 각 화물자동차별 및 각 사업자별로, 그 외의 자는 각 사업자별로 가입

실전문제 16

다음 중 벌점 15점에 해당하는 범칙행위가 아닌 것은?

① 신호 · 지시 위반
② 통행구분 위반(중앙선 침범에 한함)
③ 운전 중 영상표시장치 조작
④ 운전 중 휴대용 전화 사용

해설 통행구분 위반(중앙선 침범에 한함)은 벌점 30점에 해당하는 범칙행위이다.

실전문제 17

화물자동차 운송사업자에게 부과되는 과징금의 용도가 아닌 것은?

① 시 · 도지사가 설치 · 운영하는 운수종사자 교육시설에 대한 비용의 보조사업
② 공영차고지의 설치 · 운영사업
③ 신고포상금의 지급
④ 화물터미널의 유지 · 보수

해설 **과징금의 용도(화물자동차 운수사업법 제21조 제4항)**
- 화물터미널의 건설과 확충
- 공동차고지(사업자단체, 운송사업자 또는 운송가맹사업자가 운송사업자 또는 운송가맹사업자에게 공동으로 제공하기 위하여 설치하거나 임차한 차고지를 말한다)의 건설과 확충
- 경영개선이나 그 밖에 화물에 대한 정보 제공사업 등 화물자동차 운수사업의 발전을 위하여 필요한 사업
- 제60조의2 제1항에 따른 신고포상금의 지급

실전문제 18

화물운송종사자격을 취소하여야 하는 경우가 아닌 것은?

① 거짓이나 그 밖의 부정한 방법으로 화물운송종사자격을 취득한 경우
② 화물운송 중에 과실로 교통사고를 일으켜 사람을 사망하게 한 경우
③ 화물운송종사자격증을 다른 사람에게 빌려준 경우
④ 화물운송종사자격 정지기간 중에 화물자동차 운수사업의 운전 업무에 종사한 경우

해설 ②의 경우 그 자격을 취소하거나 6개월 이내의 기간을 정하여 그 자격의 효력을 정지시킬 수 있는 경우이다.
①, ③, ④의 경우 그 자격을 취소하여야 한다.

정답 15 ① 16 ② 17 ④ 18 ②

PART 02 실전모의고사

실전문제 19

화물자동차 운수사업법에서 정하는 운수종사자의 교육에 관한 설명으로 틀린 것은?

① 운수종사자는 시·도지사가 실시하는 교육을 매년 1회 이상 받아야 한다.
② 운수종사자 교육의 교육시간은 8시간으로 한다.
③ 운수종사자 교육은 교육을 실시하는 해의 전년도 10월 31일을 기준으로 도로교통법에 따른 무사고·무벌점 기간이 10년 미만인 운수종사자를 대상으로 한다.
④ 교육방법 및 절차 등 교육 실시에 필요한 사항은 관할관청이 정한다.

해설 운수종사자 교육의 교육시간은 4시간으로 한다.

실전문제 20

운수종사자에게 화물자동차 운수사업법에 따른 휴게시간을 보장하지 않은 경우 일반화물자동차 운송사업자에게 부과되는 과징금은?

① 60만 원   ② 120만 원
③ 180만 원   ④ 200만 원

해설 운수종사자에게 화물자동차 운수사업법에 따른 휴게시간을 보장하지 않은 경우 일반화물자동차 운송사업자 및 화물자동차 운송가맹사업에는 180만 원, 개별화물자동차 운송사업 및 용달화물자동차 운송사업에는 60만 원의 과징금이 부과된다.

실전문제 21

화물자동차의 종류별 세부 기준으로 틀린 것은?

① 일반 경형 : 배기량이 250cc 이하이고, 길이 3.6m·너비 1.5m·높이 2.0m 이하
② 소형 : 최대적재량이 1톤 이하인 것으로서 총중량이 3.5톤 초과
③ 중형 : 최대적재량이 1톤 초과 5톤 미만이거나, 총중량이 3.5톤 초과 10톤 미만인 것
④ 대형 : 최대적재량이 5톤 이상이거나, 총중량이 10톤 이상인 것

해설 경형 중 일반형은 배기량이 1,000cc 이하이고, 길이 3.6m·너비 1.6m·높이 2.0m 이하인 것을 말한다.

실전문제 22

자동차의 구조·장치를 변경하려는 경우 자동차의 소유자는 시장·군수·구청장의 승인을 받아야 한다. 이때 시장·군수·구청장은 튜닝 승인에 관한 권한을 어느 기관에 위탁할 수 있는가?

① 관할경찰서   ② 교통안전공단
③ 관할시청   ④ 화물자동차운송사업협회

해설 시장·군수·구청장은 튜닝 승인에 대한 권한을 한국교통안전공단에 위탁할 수 있다. 따라서 자동차 사용자가 국토교통부령으로 정하는 항목을 튜닝하려면 시장·군수·구청장의 위임을 받은 교통안전공단의 승인을 얻어야 한다.

정답 19 ② 20 ③ 21 ① 22 ②

실전문제 23

다음 빈칸에 들어갈 알맞은 내용으로 옳은 것은?

> 소유권 변동 또는 사용본거지 변동 등의 사유로 종합검사의 대상이 된 자동차 등 자동차 정기검사의 기간 중에 있는 자동차는 변경등록을 한 날부터 ( ) 이내에 종합검사를 받아야 한다.

① 62일
② 52일
③ 42일
④ 32일

소유권 변동 또는 사용본거지 변동 등의 사유로 종합검사의 대상이 된 자동차 중 정기검사의 기간 중에 있거나 정기검사의 기간이 지난 자동차는 변경등록을 한 날부터 62일 이내에 종합검사를 받아야 한다.

실전문제 24

시·도지사는 대중교통용 자동차 등 환경부령으로 정하는 자동차에 대하여 공회전제한장치의 부착을 명령할 수 있다. 이때 해당하지 않는 자동차는?

① 일반택시운송사업에 사용되는 자동차
② 최대적재량이 2톤 이하인 밴형 화물자동차
③ 밴형 화물자동차로서 택배용으로 사용되는 자동차
④ 시내버스운송사업에 사용되는 자동차

시·도지사는 화물자동차운송사업에 사용되는 최대적재량이 1톤 이하인 밴형 화물자동차로서 택배용으로 사용되는 자동차에 대하여 공회전 제한장치의 부착을 명령할 수 있다(대기환경보전법 제59조 제2항).

실전문제 25

국가가 저공해엔진으로의 개조 또는 교체를 촉진하기 위해 예산의 범위에서 필요한 자금을 보조하거나 융자할 수 있는 대상에 포함되지 않는 경우는?

① 자동차의 배출가스 관련 부품을 교체하는 자
② 태양광, 수소연료 등 환경부장관이 정하는 저공해자동차 연료공급시설을 설치하는 자
③ 저공해자동차를 구입하거나 저공해자동차로 개조하는 자
④ 원동기장치자전거를 구매 및 개조하는 자

국가는 저공해자동차의 보급, 배출가스저감장치의 부착, 저공해엔진으로의 개초 또는 교체를 촉진하기 위하여 다음에 해당하는 자에 대해 예산의 범위에서 필요한 자금을 보조·융자할 수 있다.
- 저공해자동차를 구입하거나 저공해자동차로 개조하는 자
- 저공해자동차에 연료를 공급하기 위한 시설 중 다음의 시설을 설치하는 자
    - 천연가스를 연료로 사용하는 자동차에 천연가스를 공급하기 위한 시설로서 환경부장관이 정하는 시설
    - 전기를 연료로 사용하는 자동차에 전기를 충전하기 위한 시설로서 환경부장관이 정하는 시설
    - 그 밖에 태양광, 수소연료 등 환경부장관이 정하는 저공해자동차 연료공급시설
    - 자동차 배출가스저감장치를 부착 또는 교체하거나 자동차의 엔진을 저공해엔진으로 개조 또는 교체하는 자
- 자동차의 배출가스 관련 부품을 교체하는 자
- 권고에 따라 자동차를 조기에 폐차하는 차
- 그 밖에 배출가스가 매우 적게 배출되는 것으로서 환경부장관이 정하여 고시하는 자동차를 구입하는 자

정답 23 ① 24 ② 25 ④

실전문제 26

다음 중 운송장 기재 시 유의사항으로 옳지 않은 것은?

① 파손의 소지가 있는 물품의 경우 면책확인서를 받는다.
② 특약사항에 대하여 고객에게 고지한 후 특약사항, 약관설명 확인필에 서명을 받는다.
③ 도착점 코드가 유사지역과 혼동되지 않도록 정확히 기재되었는지 확인한다.
④ 화물 인수 시 적합성 여부를 확인한 다음, 인수인이 직접 운송장 정보를 기입하도록 한다.

해설 화물 인수 시 적합성 여부를 확인한 다음, 고객이 직접 운송장 정보를 기입하도록 한다.

실전문제 27

화물의 길이와 크기가 일정하지 않을 경우의 적재방법 중 옳은 것은?

① 작은 화물 위에 큰 화물을 놓는다.
② 길이에 관계없이 쌓는다.
③ 길이가 고르지 못하면 한쪽 끝이 맞도록 한다.
④ 큰 화물과 작은 화물을 섞어서 쌓는다.

해설 큰 화물 위에 작은 화물을 놓아야 하며, 길이가 고르지 못하면 한쪽 끝이 맞도록 해야 한다.

실전문제 28

화물에 운송장을 부착하는 방법으로 옳지 않은 것은?

① 박스 물품이 아닌 쌀, 매트, 카펫 등은 물품의 모서리에 부착한다.
② 운송장 부착은 원칙적으로 접수 장소에서 매 건마다 작성하여 화물에 부착한다.
③ 기존에 사용하던 박스를 사용하는 경우 구 운송장은 제거하고 새로운 운송장을 부착하여 오분류가 발생하지 않도록 한다.
④ 운송장이 떨어질 우려가 큰 물품은 송하인의 동의를 얻어 포장재에 수하인 주소 혹은 전화번호 등의 필요한 사항을 기재한다.

해설 박스 물품이 아닌 쌀, 매트, 카펫 등에 운송장을 부착할 때에는 물품의 정중앙에 운송장을 부착하여야 한다.

실전문제 29

다음에서 설명하는 포장방법은 무엇인가?

> 물품을 운송 또는 하역하는 과정에서 발생하는 진동이나 충격에 의한 물품파손을 방지한다.

① 방청포장
② 진공포장
③ 압축포장
④ 완충포장

해설
① 방청포장 : 금속제품 등을 수송 또는 보관할 때 녹 발생을 막기 위해 하는 포장방법
② 진공포장 : 밀봉 포장된 상태에서 공기를 빨아들여 물품의 변질, 내용물의 활성화 등을 방지하는 목적으로 하는 포장방법
③ 압축포장 : 포장비와 운송, 보관, 하역비 등을 절감하기 위해 상품을 압축, 적은 용적이 되게 한 후 결속재로 결체하는 포장방법

정답 26 ④ 27 ③ 28 ① 29 ④

실전문제 30

일반화물의 취급 표지에 대한 의미로 옳은 것은?

① 비를 맞으면 안 되는 포장화물
② 손수레를 끼우면 안 되는 화물
③ 굴려서는 안 되는 화물
④ 내용물이 깨지기 쉬운 것이므로 주의해야 하는 화물

해설   주어진 표지는 손수레 사용 금지이다.
취급 표지
취급 표지는 포장에 직접 스텐실 인쇄하거나 라벨을 이용하여 부착하는 방법 중 적절한 것을 사용하여 표시한다. 표지의 색을 기본적으로 검정색으로 하며, 4개의 수직면 왼쪽 윗부분에 모두 표시해야 한다.

실전문제 31

다음 중 파렛트 화물의 붕괴 방지요령에 대한 설명으로 옳은 것은?

① 밴드걸기 방식 : 파렛트 가장자리를 높게 하여 포장화물을 안쪽으로 기울여, 화물이 갈라지는 것을 방지하는 방법
② 슈링크 방식 : 열수축성 플라스틱 필름을 화물에 씌우고 가열하여 파렛트와 밀착시키는 방법
③ 주연어프 방식 : 나무상자를 파렛트에 쌓는 경우 붕괴를 방지하기 위해 많이 사용되는 방법
④ 풀 붙이기 접착 방식 : 포장과 포장 사이에 미끄럼을 멈추는 시트를 넣음으로써 안전을 도모하는 방법

해설   ① 밴드걸기 방식 : 나무상자를 파렛트에 쌓는 경우 붕괴를 방지하기 위해 많이 사용되는 방법
③ 주연어프 방식 : 파렛트 가장자리를 높게 하여 포장화물을 안쪽으로 기울여, 화물이 갈라지는 것을 방지하는 방법
④ 풀 붙이기 접착 방식 : 파렛트 화물의 붕괴 방지대책의 자동화 · 기계화가 가능하고, 비용도 저렴한 방법

실전문제 32

과적차량의 안전운행 취약성에 대한 특징으로 옳지 않은 것은?

① 충돌 시의 충격력은 차량의 증량과 속도에 비례해 증가
② 과적에 의해 차량이 무거워지면 제동거리가 짧아져 사고의 위험성 증가
③ 과적에 의해 차량의 무게중심 상승으로 인해 차량이 균형을 잃어 전도될 가능성 증가
④ 윤하중 증가에 따른 타이어 파손 및 타이어 내구 수명 감소로 사고 위험성 증가

해설   과적에 의해 차량이 무거워지면 제동거리가 길어져 사고의 위험성이 증가한다.

실전문제 33

다음에 들어갈 숫자는?

> 택배 표준약관상 사업자는 운송장에 인도예정일의 기재가 없는 경우 일반지역의 운송물은 운송장에 기재된 운송물의 수탁일로부터 ( ) 이내에 인도해야 한다.

① 1일
② 2일
③ 3일
④ 4일

해설   운송장에 인도예정일의 기재가 없는 경우에는 운송장에 기재된 운송물의 수탁일로부터 인도예정 장소에 따라 일반지역은 2일, 도서 및 산간 벽지 지역은 3일 이내에 운송물을 인도해야 한다.

정답   30 ② 31 ② 32 ② 33 ②

실전문제 34

주유취급소의 위험물 취급기준으로 옳은 것은?

① 자동차에 주유할 때는 고정주유설비를 사용하여 직접 주유한다.
② 자동차를 주유할 때는 자동차의 원동기를 작동시켜야 한다.
③ 자동차에 주유할 때는 다른 자동차를 주유취급소 안에 주차시켜야 한다.
④ 유분리장치에 고인 유류는 충분히 넘치도록 하여야 한다.

해설
② 자동차를 주유할 때는 자동차의 원동기를 정지시킨다.
③ 자동차에 주유할 때는 다른 자동차를 주유취급소 안에 주차시켜서는 안 된다.
④ 유분리장치에 고인 유류는 넘치지 않도록 수시로 퍼내야 한다.

실전문제 35

운송장 기재 사항 중 송하인이 기재해야 하는 사항으로 옳은 것은?

ㄱ. 물품의 품명	ㄴ. 송하인의 주소
ㄷ. 집하자 성명	ㄹ. 운송회사 전화번호

① ㄱ, ㄴ
② ㄱ, ㄷ
③ ㄴ, ㄹ
④ ㄷ, ㄹ

해설 **송하인 기재사항**
- 송하인의 주소, 성명 또는 상호, 전화번호
- 수하인의 주소, 성명, 전화번호
- 물품의 품명, 수량, 가격
- 특약사항 약관설명 확인필 자필 서명
- 파손품 또는 냉동 부패성 물품의 경우 면책확인서 자필 서명

실전문제 36

단독으로 화물을 계속 작업하는 방식으로(시간당 3회 이상) 운반하고자 할 때 인력운반중량 권장기준을 얼마인가?

	성인남자	성인여자
①	5~10kg	5~10kg
②	10~15kg	5~10kg
③	15~20kg	10~15kg
④	25~30kg	15~20kg

해설 인력운반중량 권장기준은 시간당 3회 이상 계속작업 시 성인남자는 10~15kg, 성인여자는 5~10kg를 준수해야 한다.

실전문제 37

자동차관리법상 화물자동차에 대한 설명으로 옳지 않은 것은?

① 보닛 트럭은 원동기부의 덮개가 운전실의 앞쪽에 나와 있는 트럭이다.
② 밴은 상자형 화물을 갖추고 있는 트럭이며, 지붕이 없는 것도 포함된다.
③ 덤프차는 화물대를 기울여 적재물의 중력으로 쉽게 미끄러지게 내리는 구조의 특수장비 자동차이다.
④ 픽업은 원동기 전부 또는 대부분이 운전실의 아래쪽에 있는 트럭이다.

해설 픽업은 화물실의 지붕이 없고 옆판이 운전대와 일체로 되어 있다.

정답 34 ① 35 ① 36 ② 37 ④

실전문제 38

택배표준약관의 규정에 대한 다음 내용에서 빈칸에 들어갈 말은?

> 택배표준약관의 규정에 따르면 운송물의 일부멸실, 훼손 또는 연착에 대한 사업자의 손해배상책임은 수하인이 운송물을 수령한 날로부터 (   )이 경과하면 소멸한다.

① 12개월
② 6개월
③ 3개월
④ 1개월

해설 택배표준약관 제23조에 따르면 운송물의 일부멸실, 훼손 또는 연착에 대한 사업자의 손해배상책임은 수하인이 운송물을 수령한 날로부터 1년(12개월)이 경과하면 소멸한다.

실전문제 39

화물더미의 화물을 출하할 경우 작업요령으로 옳은 것은?

① 화물더미 중간에서 화물을 뽑아낸다.
② 화물더미 중간에서 직선으로 깊이 파낸다.
③ 화물더미 상층과 하층에서 동시에 작업한다.
④ 화물더미 위에서부터 순차적으로 층계를 지으면서 헐어낸다.

해설 화물더미의 화물을 출하할 때에는 위에서부터 순차적으로 층계를 지으면서 헐어내야 하고, 화물더미의 중간에서 화물을 뽑아내거나 직선으로 깊이 파내는 작업을 해서는 안 된다. 또한, 상층과 하층에서 동시에 작업하지 않는다.

실전문제 40

다음 중 이사화물 표준약관의 규정에 따라 인수를 거절할 수 있는 품목은?

> ㄱ. 유리병   ㄴ. 미술품
> ㄷ. 화분   ㄹ. 귀금속

① ㄱ, ㄷ
② ㄴ, ㄹ
③ ㄱ, ㄴ, ㄷ
④ ㄴ, ㄷ, ㄹ

해설 **이사화물 표준약관 제7조(인수거절)**
1. 현금, 유가증권, 귀금속, 예금통장, 신용카드, 인감 등 고객이 휴대할 수 있는 귀중품
2. 위험품, 불결한 물품 등 다른 화물에 손해를 끼칠 염려가 있는 물건
3. 동식물, 미술품, 골동품 등 운송에 특수한 관리를 요하기 때문에 다른 화물과 동시에 운송하기에 적합하지 않은 물건
4. 고객이 제10조 제1항의 규정에 의한 사업자의 포장 요청을 거절한 물건

실전문제 41

정지시력이 20/40인 사람은 정상시력을 가진 사람에 비해 몇 배의 글자를 제시해야 같은 효과를 볼 수 있는가?

① 0.5배
② 2.5배
③ 2배
④ 3배

해설 정지시력 20/20이 정상시력이므로 20/40이란 정상시력을 가지고 있는 사람은 20/20 정상시력을 가진 사람에 비해 2배의 큰 글자를 제시해야 같은 효과를 낼 수 있다.

정답 38 ① 39 ④ 40 ② 41 ③

실전문제 42

곡선부 방호울타리의 기능으로 옳지 않은 것은?

① 자동차를 원래 진행방향과 반대방향으로 전환
② 자동차의 차도이탈을 방지
③ 자동차의 파손 감소
④ 운전자의 시선유도

해설 곡선부 방호울타리는 자동차를 정상적인 진행방향으로 복귀시키는 기능이 있다.

실전문제 43

차량점검 시 주의사항에 대한 설명으로 옳은 것은?

① 주차브레이크를 작동시키지 않은 상태에서 절대로 운전석에서 떠나지 않는다.
② 운행을 하고 난 후 점검을 실시한다.
③ 황색 경고등이 들어온 상태에서는 절대로 운행하지 않는다.
④ 운행하면서 자신에게 맞는 조향핸들의 높이와 각도를 조정한다.

해설 ② 운행 전 점검을 실시한다.
③ 적색 경고등이 들어온 상태에서는 절대로 운행하지 않는다.
④ 운행 전에 조향핸들의 높잉와 각도를 조절하여야 하며, 운행 중에는 조정하지 않아야 한다.

실전문제 44

다음 중 교통사고의 4대 요인에 속하지 않는 것은?

① 인적요인
② 차량요인
③ 구조요인
④ 환경요인

해설 교통사고의 4대 요인에는 인적요인, 차량요인, 도로요인, 환경요인이 있다.

실전문제 45

다음 빈칸에 들어갈 알맞은 것은?

> 과마모된 타이어는 빗길에서 잘 미끄러지고 제동거리가 길어진다. 이를 예방하기 위해 노면과 맞닿는 트레드 홈 깊이는 최저 (   ) 이상이 되는지를 확인하여야 한다.

① 0.5mm
② 0.7mm
③ 1.2mm
④ 1.6mm

해설 노면과 맞닿는 트레드 홈 깊이가 최저 1.6mm 이상이 되는지를 확인하고 적정 공기압을 유지하고 있는지 점검한다.

실전문제 46

어린이 교통사고의 특징으로 옳지 않은 것은?

① 나이가 어릴수록 교통사고를 많이 당한다.
② 시간대별 어린이 보행 사상자는 오전 8시에서 오전 10시 사이에 가장 많다.
③ 보행 중 교통사고를 당하여 사망하는 비율이 가장 높다.
④ 보행 중 사상자는 집이나 학교 근처 등 어린이 통행이 잦은 곳에서 가장 많이 발생된다.

해설 시간대별 어린이 보행 사상자는 오후 4시에서 오후 6시 사이에 가장 많다.

정답 42 ① 43 ① 44 ③ 45 ④ 46 ②

실전문제 47

차도를 통행의 방향에 따라 분리하고 옆부분의 여유를 확보하기 위하여 도로의 중앙에 설치하는 것은?

① 측대
② 길어깨
③ 중앙분리대
④ 노상시설

해설
① 측대 : 운전자의 시선을 유도하고 옆부분의 여유를 확보하기 위하여 중앙 분리애와 동일한 횡단경사 · 구조로 차도에 접속하여 설치하는 부분
② 길어깨 : 도로를 보호하고 비상시에 이용하기 위해 차도에 접속하여 설치하는 도로의 부분
④ 노상시설 : 환경시설대 등에 설치하는 도로의 부속물

실전문제 48

비가 자주오거나 습도가 높은 날, 또는 오랜 시간 주차한 후 브레이크 드럼에 미세한 녹이 발생하는 현상은?

① 수막현상(Hydroplaning)
② 페이드(Fade) 현상
③ 스탠딩 웨이브(Standing wave) 현상
④ 모닝 록(Morning lock) 현상

해설
모닝 록 현상이 발생하면 브레이크 드럼과 라이닝, 브레이크 패드와 디스크의 마찰계수가 높아져 평소보다 브레이크가 지나치게 예민하게 작동된다.

실전문제 49

조향장치 중에서 앞바퀴 정렬에 포함되지 않는 것은?

① 캠버
② 실린더라이너
③ 캐스터
④ 토인

해설
앞바퀴 정렬에는 토인, 캠버, 캐스터 등이 포함된다.

실전문제 50

위험물을 운반할 때 주의사항으로 옳지 않은 것은?

① 지정 수량 이상의 위험물을 차량으로 운반할 때 차량의 후면에만 표지를 게시한다.
② 마찰 및 흔들림이 일으키지 않도록 운반해야 한다.
③ 일시정차 시 안전한 장소를 택하여 안전에 주의한다.
④ 독성가스를 운반할 때에는 재해발생 방지를 위한 응급조치에 필요한 공구 등을 휴대한다.

해설
지정 수량 이상의 위험물을 차량으로 운반할 때는 차량의 전면 또는 후면의 보기 쉬운 곳에 표지를 게시하여야 한다.

실전문제 51

운전피로에 대한 설명으로 옳지 않은 것은?

① 운전작업에 의해 일어나는 신체적 변화, 무기력감 등 객관적으로 측정되는 운전기능의 저하를 총칭한다.
② 신체적인 부담보다 오히려 심리적 부담이 더 크다.
③ 운전피로의 원인으로는 수면상태, 차내환경, 신체조건 등이 있다.
④ 운전피로의 3요인은 생활요인, 도로요인, 운전자 요인으로 구성된다.

해설
운전피로는 수면 · 생활환경 등 생활요인, 차내환경 · 운행조건 등 운전작업 중의 요인, 신체조건 · 경험조건 · 성별조건 · 등의 운전자 요인 등 3요인으로 구성된다.

정답 47 ③ 48 ④ 49 ② 50 ① 51 ④

실전문제 52

길어깨의 역할로 옳지 않은 것은?

① 측방 여유폭을 가지므로 교통의 안전성에 기여한다.
② 길어깨는 도로 미관을 낮추지만 교통 사고율을 낮춘다.
③ 보도 등이 없는 도로에서는 보행자 등의 통행장소로 제공된다
④ 유지관리 작업장이나 지하매설물에 대한 장소로 제공된다.

해설 유지가 잘되어 있는 길어깨는 도로 미관을 높인다.

실전문제 53

배출가스로 구분할 수 있는 고장은?

① 엔진의 건강상태
② 타이어의 공기압
③ 브레이크의 상태
④ 클러치의 상태

해설 자동차 후부에 장착된 머플러 파이프에서 배출되는 가스의 색을 자세히 살펴보면, 엔진의 건강 상태를 알 수 있다.

실전문제 54

보행자의 인지결함, 판단착오, 동작착오 중 교통사고와 가장 큰 관련이 있는 교통정보 인지결함의 원인으로 옳지 않은 것은?

① 술에 많이 취해 있었다.
② 동행자와 이야기에 열중했다.
③ 횡단 중 모든 방향에 주의를 기울였다.
④ 피곤한 상태여서 주의력이 저하되었다.

해설 횡단 중 한쪽 방향에만 주의를 기울이는 경우가 인지결함의 원인이 된다.

실전문제 55

다음 빈칸에 들어갈 알맞은 내용은?

> 10m 거리에서 15mm 크기의 글자를 읽을 수 있으면 정상시력은 1.0이 되므로, 5m 떨어진 거리에서 15mm의 문자를 판독할 수 있는 시력은 (   )가 된다.

① 1.0
② 1.5
③ 0.5
④ 1.8

해설 10m 거리에서 15mm 크기의 글자를 읽을 수 있으면 정상시력은 1.0이 되므로, 5m 떨어진 거리에서 15mm의 문자를 판독할 수 있는 시력은 정상시력의 절반인 0.5가 된다.

실전문제 56

주행 제동 시 차량 쏠림 현상이 발생하는 경우 올바른 점검 방법이 아닌 것은?

① 좌·우 타이어의 공기압 점검
② 듀얼 서킷 브레이크 점검
③ 공기 빼기 작업
④ 모터가 도는지 점검

해설 와이퍼가 작동하지 않을 때에 모터가 도는지 점검한다.

정답 52 ② 53 ① 54 ③ 55 ③ 56 ④

실전문제 57

다음 중 현가장치의 유형에 속하지 않는 것은?

① 휠밸런스
② 판 스프링
③ 충격흡수장치
④ 코일 스프링

해설 현가장치는 코일 스프링, 판 스프링, 비틀림 막대 스프링, 공기 스프링, 충격흡수장치로 구성된다.

실전문제 58

주행 시 속도조절에 대한 설명으로 옳지 않은 것은?

① 노면의 상태가 나쁜 도로에서는 속도를 높여 신속히 안전하게 지나간다.
② 교통량이 많은 곳에서는 속도를 줄여서 주행한다.
③ 주행하는 차들과 물 흐르듯 속도를 맞추어 주행한다.
④ 해질 무렵 등 조명조건이 나쁠 때에는 속도를 줄여서 주행한다.

해설 노면의 상태가 나쁠 때에는 속도를 줄여서 주행한다.

실전문제 59

다음 중 교통사고의 요인에 속하는 것을 모두 고르시오.

| ㄱ. 직접적 요인 | ㄴ. 간접적 요인 |
| ㄷ. 중간적 요인 | ㄹ. 외부적 요인 |

① ㄱ, ㄷ
② ㄷ, ㄹ
③ ㄱ, ㄴ, ㄷ
④ ㄱ, ㄴ, ㄷ, ㄹ

해설 교통사고 요인은 직접적, 간접적, 중간적 요인의 세 가지로 구분된다.

실전문제 60

충전용기를 적재한 차량이 주·정차 시 주의사항으로 옳지 않은 것은?

① 평탄하고 교통량이 적은 안전한 장소에 주·정차를 한다.
② 제1종 보호시설에서 15m 이상 떨어지고 제2종 보호시설이 밀착되어 있는 지역은 가능한 한 피해야 한다.
③ 경사진 곳에 주·정차 시에는 엔진을 정지시킨 다음 반드시 차바퀴를 고정목으로 고정시킨 후 내린다.
④ 차량의 고장으로 정차하는 경우 고장자동차의 표지를 설치하여야 한다.

해설 충전용기 등을 적재한 차량의 주·정차는 가능한 한 경사진 곳을 피해야 하며, 엔진을 정지시킨 다음, 사이드브레이크를 걸어 놓고 반드시 차바퀴를 고정목으로 고정시켜야 한다.

실전문제 61

차 대 사람의 사고가 가장 많은 보행유형은?

① 주차 시의 사고
② 승하차 시의 사고
③ 통행 중의 사고
④ 도로 횡단 중의 사고

해설 차 대 사람의 사고가 가장 많은 보행유형은 어떻게 도로를 횡단하였든 횡단 중의 사고가 가장 많고 다음으로 어떤 형태이든 통행 중의 사고가 많다.

정답 57 ① 58 ① 59 ③ 60 ③ 61 ④

실전문제 62

타이어의 역할로 옳지 않은 것은?

① 구동력과 제동력을 지면에 전달한다.
② 자동차의 중량을 떠받쳐 준다.
③ 자동차가 달리거나 멈추는 것을 원활하게 한다.
④ 자동차의 진행방향을 전환시킨다.

해설 구동력과 제동력을 지면에 전달하는 것은 휠(wheel)의 역할이다.

실전문제 63

도로가 되기 위한 4가지 조건 중 공중교통에 이용되고 있는 불특정 다수인 및 예상할 수 없을 정도로 바뀌는 숫자의 사람을 위해 이용이 허용되는 것은?

① 교통경찰권
② 공개성
③ 이용성
④ 형태성

해설 도로가 되기 위한 조건에는 형태성, 이용성, 공개성, 교통경찰권이 있으며 불특정 다수를 위해 이용이 허용되고 실제로 이용되고 있는 것을 가리키는 용어는 공개성이다.

실전문제 64

차로폭과 교통사고와의 관계에 대한 설명으로 옳은 것은?

① 차로폭과 사고율의 관계는 아직 명확하지 않다.
② 차로폭이 넓을수록 교통사고가 많이 발생한다.
③ 횡단면의 차로 폭이 넓을수록 교통사고 예방의 효과가 있다.
④ 도로변의 개발밀도에 영향을 받는다.

해설 ①, ②, ④는 차로폭이 아닌 차로수에 대한 설명이다. 교통량이 많고 사고율이 높은 구간의 차로 폭을 규정범위 이내로 넓히면 교통사고예방의 효과는 더욱 크다.

실전문제 65

자동차의 정지거리에 대한 정의로 옳은 것은?

① 공주거리와 제동거리를 합한 거리이다.
② 공주거리에서 제동거리를 뺀 거리이다.
③ 제동거리에서 공주거리를 뺀 거리이다.
④ 공주거리와 제동거리를 곱한 거리이다.

해설 자동차의 정지거리는 공주거리와 제동거리를 합한 거리이다. 이때까지 소요된 시간이 정지소요시간이다.

실전문제 66

다음은 직업의 4가지 의미 중 어디에 해당되는가?

> 자기가 맡은 역할을 수행하는 능력을 인정받는 곳

① 경제적 의미
② 철학적 의미
③ 정신적 의미
④ 사회적 의미

해설 자기가 맡은 역할을 수행하는 능력을 인정받는 곳이라는 의미는 직업의 사회적 의미에 해당한다.
① 경제적 의미 : 일터, 일자리, 경제적 가치를 창출하는 곳
② 철학적 의미 : 일한다는 인간의 기본적인 리듬을 갖는 곳
③ 정신적 의미 : 직업의 사명감과 소명의식을 갖고 정성과 정열을 쏟을 수 있는 곳

정답 62 ① 63 ② 64 ③ 65 ① 66 ④

실전문제 67

고객서비스의 특징 중 동시성에 대한 설명으로 옳은 것은?

① 서비스는 형태가 없는 무형의 상품이다.
② 서비스는 제공한 즉시 사라져서 남아있지 않는다.
③ 서비스는 사람에 의해 생산되기 때문에 품질의 차이가 발생하기 쉽다.
④ 서비스는 공급자에 의해 제공됨과 동시에 고객에 의하여 소비되는 성격을 갖는다.

해설
① 무형성
② 소멸성
③ 인간주체(이질성)

실전문제 68

다음 중 공급망관리에 있어 제4자 물류(4PL)의 4단계로 옳은 것은?

| ㄱ. 재창조 | ㄴ. 실행 |
| ㄷ. 전환 | ㄹ. 이행 |

① ㄱ-ㄴ-ㄷ-ㄹ
② ㄱ-ㄷ-ㄹ-ㄴ
③ ㄴ-ㄷ-ㄹ-ㄱ
④ ㄷ-ㄹ-ㄱ-ㄴ

해설 제4자 물류는 공급망관리 서비스에 있어 다음 4단계를 거친다.
재창조 → 전환 → 이행 → 실행

실전문제 69

운전자의 신상변동 등이 발생했을 경우에 대한 조치로 부적절한 것은?

① 결근, 지각, 조퇴가 필요한 경우 회사에 즉시 보고한다.
② 운전면허 일시정지, 취소 등의 면허 행정처분 시 즉시 회사에 보고하고 어떠한 경우라도 운전을 금지한다.
③ 운전면허 기재사항 변경 시에는 회사보고를 생략한다.
④ 질병 등 신상변동 시 회사에 즉시 보고한다.

해설 운전면허 기재사항 변경 시 생략하지 않고 회사에 즉시 보고하는 조치가 필요하다.

실전문제 70

다음에서 설명하는 물류의 기능은?

| 수송과 보관의 양단에 걸친 물품의 취급으로 물품을 상하좌우로 이동시키는 활동으로 싣고 내림, 시설 내에서의 이동 등의 작업이 있다. |

① 포장기능
② 보관기능
③ 운송기능
④ 하역기능

해설
① 포장기능 : 물품의 상태를 유지하기 위해 적절한 재료, 용기 등을 이용해서 포장하여 보호하고자 하는 활동이다.
② 보관기능 : 물품을 보관시설에 보관하는 활동으로, 생산과 소비와의 시간적 차이를 조정하여 시간적 효용을 창출한다.
③ 운송기능 : 물품을 공간적으로 이동시키는 것으로 생산자와 수요자의 공간적 거리가 극복되어 상품의 장소적(공간적) 효용을 창출한다.

정답   67 ④   68 ②   69 ③   70 ④

실전문제 71

성능 및 사용방법을 구현한 하드웨어(Hardware) 품질은?

① 영업품질 ② 상품품질
③ 서비스 품질 ④ 기대품질

 ① 영업품질 : 고객이 현장사원 등과 접하는 환경과 분위기를 고객만족 쪽으로 실현하기 위한 소프트웨어 품질이다.
③ 서비스 품질 : 고객으로부터 신뢰를 획득하기 위한 휴먼웨어(Human-ware) 품질이다.

실전문제 72

물류관리의 목표를 달성하기 위한 고객서비스 수준의 결정 기준은?

① 고객지향적이어야 한다. ② 관리지향적이어야 한다.
③ 소비자지향적이어야 한다. ④ 정보향적이어야 한다.

 고객서비스 수준의 결정은 고객지향적이어야 한다.

실전문제 73

공동 수송의 장점으로 옳지 않은 것은?

① 물류시설 및 인원의 축소 ② 안정된 수송시장 확보
③ 입출하 활동의 계획화 ④ 운임요금의 적정화

 안정된 수송시장 확보는 공동 배송의 장점이다.

실전문제 74

화주기업이 자기의 모든 물류활동을 외부에 위탁하는 경우 무엇이라 하는가?

① 제1자 물류 ② 제2자 물류
③ 제3자 물류 ④ 제4자 물류

 화주기업이 자기의 모든 물류활동을 외부에 위탁하는 경우를 제3자 물류라고 한다.
① 제1자 물류 : 화주기업이 직접 물류활동을 처리하는 자사물류
② 제2자 물류 : 물류자회사에 의해 처리하는 경우
④ 제4자 물류 : 다양한 조직들의 효과적인 연결을 목적으로 하는 통합체로서 공급망의 모든 활동과 계획관리를 전담하는 것이다.

실전문제 75

다음 중 공급망관리(SCM)에 대한 설명으로 옳지 않은 것은?

① 공급망관리는 공급망 전체 물자의 흐름을 원활하게 하는 공동전략을 말한다.
② 공급망 내의 각 기업은 상호 협력하여 공급망 프로세스를 재구축하게 한다.
③ 공급망관리는 기업 간 협력을 기본 배경으로 한다.
④ 공급망관리는 수직계열화와 비슷한 의미이다.

공급망관리는 보통 상류의 공급자와 하류의 고객을 소유하는 것을 의미하는 수직계열화와는 다르다. 즉, 상류와 하류를 연결시키는 조직의 네트워크를 말한다.

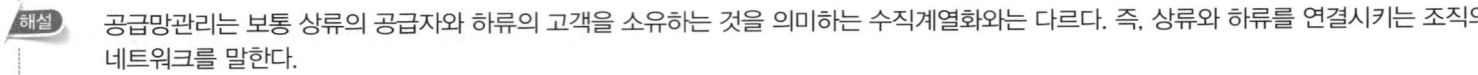
정답 71 ② 72 ① 73 ② 74 ③ 75 ④

실전문제 76

다음 설명하는 것은 무엇인가?

> 소비가 만족에 초점을 둔 공급망관리의 효율성을 극복하기 위한 모델로서 제품의 생산단계에서부터 도매·소매에 이르기까지 전 과정을 하나의 프로세스로 본다.

① 효율적 고객대응
② 주파수 공용통신
③ 신속대응
④ 전사적 품질관리

해설 효율적 고객대응이 단순한 공급망 통합전략과 다른 점은 산업체와 산업체 간에도 통합을 통하여 표준화와 최적화를 도모할 수 있다는 것이다.

실전문제 77

택배운송서비스와 관련하여 고객 부재 시 취해야 하는 방법으로 적절하지 않은 것은?

① 대리인 인수 시는 인수처 명기하여 찾도록 해야 한다.
② 방문시간, 송하인, 화물명, 연락처 등을 기록하여 문 밖에 부착해 둔다.
③ 대리인 인계가 되었을 때는 귀점 중 다시 전화로 확인해야 한다.
④ 소형화물 외에는 집까지 배달해야 한다.

해설 방문시간, 송하인, 화물명, 연락처 등을 기록하여 문 안에 투입하며, 문 밖에 부착은 절대 금지한다.

실전문제 78

도킹수송과 유사한 방법으로 중간지점에서 운전자만 교체하는 수송방법을 무엇이라 하는가?

① 트레일러 수송
② 파렛트 수송
③ 이어타기 수송
④ 바꿔태우기 수송

해설 이어타기 수송이란 도킹수송과 유사한 것으로 중간지점에서 운전자만 교체하는 수송방법이다.

실전문제 79

실시간 교통정보를 제공하는 범지구측위시스템(GPS)의 도입효과로 볼 수 없는 것은?

① 밤에 운행하는 운송차량은 추적할 수 없다.
② 대도시의 교통혼잡 시에 차량에서 행선지 지도와 도로사정 파악이 가능하다.
③ 각종 자연재해로부터 사전대비를 통해 재해를 회피할 수 있다.
④ 운송차량의 추적시스템을 완벽하게 관리 및 통제할 수 있다.

해설 밤낮으로 운행하는 운송차량을 GPS로 추적할 수 있다.

실전문제 80

선박 및 철도와 비교하여 화물자동차를 활용할 경우 수송상의 장점으로 옳지 않은 것은?

① 화물자동차의 특성상 운송단위가 대량이다.
② 에너지 다소비형의 운송기관을 이용한다.
③ 다양한 고객의 요구를 수용할 수 있다.
④ 문전 배송서비스로 신속하고 정확하다.

해설 **선박 및 철도와 비교한 화물자동차 운송의 특징**
- 원활한 기동성과 신속한 수·배송
- 신속하고 정확한 문전운송
- 다양한 고객요구 수용
- 운송단위가 소량

정답 76 ① 77 ② 78 ③ 79 ① 80 ①

실전모의고사 2회

실전문제 01

도로교통법에서 "연석선, 안전표지 또는 그와 비슷한 인공구조물을 이용하여 경계를 표시하여 모든 차가 통행할 수 있도록 설치된 도로의 부분"으로 정의하고 있는 것은?

① 도로
② 차도
③ 차로
④ 고속도로

해설 도로교통법 제2조에서 정의하고 있는 '차도'에 대한 설명이다.

실전문제 02

도로교통법령상 정차란 주차 외의 정지 상태로서 운전자가 몇 분을 초과하지 않고 차를 정지시키는 것을 말하는가?

① 3분
② 5분
③ 10분
④ 15분

해설 도로교통법령상 정차란 운전자가 5분을 초과하지 아니하고 차를 정지시키는 것으로서 주차 외의 정지 상태를 말한다.

실전문제 03

보행신호등의 녹색등화가 점멸할 때 보행자가 취해야 하는 행동으로 옳은 것은?

① 보행자는 횡단을 시작할 수 있다.
② 횡단 중인 경우 신속하게 횡단을 완료해야 한다.
③ 횡단 중인 경우 그 횡단을 멈추고 제자리에 정지해야 한다.
④ 횡단 중인 경우 반드시 그 횡단을 중지하고 보도로 되돌아와야 한다.

해설 보행신호등의 녹색등화가 점멸할 때 보행자는 횡단을 시작하여서는 안 된다. 만약 횡단을 하고 있다면 신속하게 횡단을 완료하거나 그 횡단을 중지하고 보도로 되돌아와야 한다.

실전문제 04

편도 2차로인 고속도로에서 2차로로 통행할 수 없는 차종은?

① 경형 승합자동차
② 특수자동차
③ 원동기장치자전거
④ 건설기계

해설 편도 2차로인 고속도로에서는 모든 자동차가 2차로로 통행할 수 있다. 그러나 원동기장치자전거는 도로교통법상의 자동차에서 제외되며, 고속도로를 통행할 수 없다.

실전문제 05

도로교통법령상 편도 2차로 이상인 고속도로(지정·고시하여 변경된 경우)의 최고속도와 최저속도 기준으로 옳은 것은?

① 최고속도 : 120km/h, 최저속도 : 50km/h
② 최고속도 : 100km/h, 최저속도 : 60km/h
③ 최고속도 : 120km/h, 최저속도 : 60km/h
④ 최고속도 : 100km/h, 최저속도 : 50km/h

해설 도로교통법 시행규칙 제19조에 따르면 편도 2차로 이상인 고속도로(지정·고시하여 변경된 경우)의 최고속도는 120km/h, 최저속도는 50km/h이다.

정답 01 ② 02 ② 03 ② 04 ③ 05 ①

실전문제 06

긴급자동차의 우선통행 등에 대한 설명으로 틀린 것은?

① 긴급하고 부득이한 경우 도로의 중앙이나 좌측 부분을 통행할 수 있다.
② 긴급자동차의 운전자는 긴급하고 부득이한 경우 교통안전과 무관하게 통행할 수 있다.
③ 부득이한 경우 일시정지하여야 하는 곳에서 정지하지 않을 수 있다.
④ 자동차의 속도 제한 규정을 준수하지 않고 통행할 수 있다.

해설 긴급자동차의 운전자는 긴급하고 부득이한 경우에 교통안전에 특히 주의하면서 통행하여야 한다.

실전문제 07

도로교통법령상 교차로나 그 부근에서 긴급자동차가 접근하는 경우 모든 차의 운전자가 취해야 하는 행동은?

① 교차로를 피하여 일시정지한다.
② 제자리에서 정지한다.
③ 교차로를 피해 서행한다.
④ 최대한 빨리 교차로를 벗어난다.

해설 도로교통법에 따르면 모든 차의 운전자는 교차로나 그 부근에서 긴급자동차가 접근하는 경우 교차로를 피하여 일시정지하여야 한다.

실전문제 08

도로교통법령상 운전면허 행정처분 감경사유 및 기준을 적용받는 운전자가 운전면허의 정지처분에 해당하는 처분을 받은 경우 처분 집행일수의 얼마로 감경되는가?

① 2분의 1
② 3분의 1
③ 4분의 1
④ 5분의 1

해설 도로교통법 시행규칙 별표 28에 따라 위반행위에 대한 처분기준이 운전면허의 정지처분에 해당하는 경우에는 처분 집행일수의 2분의 1로 감경한다.

실전문제 09

무면허운전 금지의 규정을 위반한 경우 그 위반한 날로부터 얼마의 기간 동안 운전면허를 받을 수 없는가?

① 5개월
② 8개월
③ 1년
④ 5년

해설 도로교통법 제82조제2항제1호에 따르면 무면허운전 금지 규정을 위반하여 자동차등을 운전한 경우에는 그 위반한 날부터 1년이 지나지 아니하면 운전면허를 받을 수 없다.

실전문제 10

교통사고로 인해 5일 미만의 치료를 요하는 의사의 진단이 있는 피해자가 4명 발생하였을 때 교통사고 발생의 원인이 되는 운전자에게 부과되는 벌점은?

① 4점
② 8점
③ 12점
④ 15점

해설 부상(5일 미만의 치료를 요하는 의사의 진단이 있는 경우) 피해자 1명당 2점의 벌점이 부과된다. 따라서 부상 피해자가 4명 발생한 경우 부과되는 총 벌점은 8점이 된다.

정답 06 ② 07 ① 08 ① 09 ③ 10 ②

실전문제 11

특정범죄 가중처벌 등에 관한 법률에 의하여 도주사고에 해당하지 않는 것은?

① 경찰관이 환자를 후송 조치하는 것을 보고 연락처를 준 후에 가 버린 경우
② 피해자를 방치한 채 사고현장을 이탈 도주한 경우
③ 사고현장에 있었으나 사고사실을 은폐하기 위해 거짓진술·신고한 경우
④ 피해자를 병원까지만 후송하고 계속 치료받을 수 있는 조치 없이 가 버린 경우

①의 경우 도주가 적용되지 않는다.

실전문제 12

화물자동차 운수사업법령에서 정의한 운수종사자에 해당하는 자는?

① 화물자동차의 운전자
② 자동차 정비공장의 정비원
③ 지방자치단체 교통공무원
④ 화물자동차 보험회사의 직원

화물자동차 운수사업법령상 운수종사자란 화물자동차의 운전자, 화물의 운송 또는 운송주선에 관한 사무를 취급하는 사무원 및 이를 보조하는 보조원, 그 밖에 화물자동차 운수사업에 종사하는 자를 말한다.

실전문제 13

화물자동차 운송사업은 몇 대 이상의 화물자동차를 사용하여 화물을 운송하는 사업을 말하는가?

① 10대
② 15대
③ 20대
④ 25대

화물자동차 운수사업법 제3조에 따르면 20대 이상의 범위에서 20대 이상의 화물자동차를 사용하여 화물을 운송하는 사업을 일반화물자동차 운송사업이라 한다.

실전문제 14

운송가맹사업자가 적재물배상보험등에 가입하려는 경우 사고 건당 얼마 이상의 금액을 지급할 책임을 지는 적재물배상보험등에 가입하여야 하는가?

① 500만 원
② 1천만 원
③ 1천 5백만 원
④ 2천만 원

적재물배상 책임보험 또는 공제에 가입하려는 운송가맹사업자는 사고 건당 2천만 원 이상의 금액을 지급할 책임을 지는 적재물배상보험등에 가입하여야 한다.

실전문제 15

다음 중 화물자동차 운송사업의 허가를 반드시 취소하여야 하는 경우는?

① 부정한 방법으로 화물자동차 운송사업의 변경허가를 받은 경우
② 화물자동차 운송사업의 허가 또는 증차를 수반하는 변경허가에 따른 기준을 충족하지 못하게 된 경우
③ 화물자동차 교통사고와 관련하여 거짓이나 그 밖의 부정한 방법으로 보험금을 청구하여 금고 이상의 형을 선고받고 그 형이 확정된 경우
④ 화물운송 종사자격이 없는 자에게 화물을 운송하게 한 경우

①, ②, ④의 경우 국토교통부장관은 그 허가를 취소하거나 5개월 이내의 기간을 정하여 그 사업의 전부 또는 일부의 정지를 명령하거나 감차 조치를 명할 수 있다. 그러나 ③의 경우 그 허가를 취소하여야 한다.

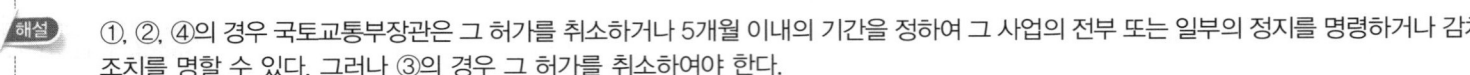
정답 11 ① 12 ① 13 ③ 14 ④ 15 ③

실전문제 16

보험등 의무가입자 및 보험회사등이 임보험계약등의 전부 또는 일부를 해제하거나 해지할 수 있는 경우가 아닌 것은?

① 화물자동차 운송사업의 경영 악화로 책임보험을 해제 또는 해지하려는 경우
② 화물자동차 운송가맹사업의 허가사항이 변경(감차만을 말한다)된 경우
③ 보험계약 당시에 보험계약자가 고의 또는 중대한 과실로 인하여 중요한 사항을 고지하지 않은 경우
④ 화물자동차 운송사업의 허가가 취소되거나 감차 조치 명령을 받은 경우

해설 책임보험계약 등의 해제 사유
- 화물자동차 운송사업의 허가사항이 변경(감차만을 말한다)된 경우
- 화물자동차 운송사업을 휴업하거나 폐업한 경우
- 화물자동차 운송사업의 허가가 취소되거나 감차 조치 명령을 받은 경우
- 화물자동차 운송주선사업의 허가가 취소된 경우
- 화물자동차 운송가맹사업의 허가사항이 변경(감차만을 말한다)된 경우
- 화물자동차 운송가맹사업의 허가가 취소되거나 감차 조치 명령을 받은 경우
- 적재물배상보험 등에 이중으로 가입되어 하나의 책임보험계약 등을 해제하거나 해지하려는 경우
- 보험회사 등이 파산 등의 사유로 영업을 계속할 수 없는 경우
- 그 밖에 상기 규정에 준하는 경우로서 대통령령으로 정하는 경우(③의 경우)

실전문제 17

운송사업자가 화물자동차 운송사업의 휴업 또는 폐업 신고를 하는 경우 화물운송종사자격증명을 어디에 반납하여야 하는가?

① 협회　　　　　　　　　　　　② 국토교통부
③ 관할관청　　　　　　　　　　④ 교통안전공단

해설 운송사업자가 퇴직한 화물자동차 운전자의 명단을 제출하는 경우 또는 화물자동차 운송사업의 휴업 또는 폐업 신고를 하는 경우 협회에 화물운송종사자격증명을 반납하여야 한다.

실전문제 18

화물운송종사자격증을 받지 않고 화물자동차 운수사업의 운전 업무에 종사한 자에게 대한 벌칙 등으로 옳은 것은?

① 1년 이하의 징역 또는 1천만 원 이하의 벌금　　② 500만 원 이하의 과태료
③ 300만 원 이하의 과태료　　　　　　　　　　　④ 100만 원 이하의 과태료

해설 화물운송종사자격증을 받지 아니하고 화물자동차 운수사업의 운전 업무에 종사한 자, 거짓이나 그 밖의 부정한 방법으로 화물운송종사자격을 취득한 자, 운수종사자의 교육 등에 관한 법률에 따른 교육을 받지 않은 자 등은 500만 원 이하의 과태료에 처한다.

실전문제 19

화주로부터 부당한 운임 및 요금의 환급을 요구받고 환급하지 않은 경우 부과되는 과징금으로 틀린 것은?

① 일반화물자동차 운송사업 : 80만 원　　② 개별화물자동차 운송사업 : 30만 원
③ 화물자동차 운송가맹사업 : 60만 원　　④ 용달화물자동차 운송사업 : 30만 원

해설 화주로부터 부당한 운임 및 요금의 환급을 요구받고 환급하지 않은 경우 일반화물자동차 운송사업에는 60만 원의 과징금이 부과된다.

실전문제 20

자동차는 자동차등록원부에 등록한 후가 아니면 운행할 수 없다. 이에 대한 예외사항으로 옳은 것은?

① 임시운행허가를 받아 허가 기간 내에 운행하는 경우　　② 관계기관에 신고한 경우
③ 시·도지사에게 신고를 한 경우　　　　　　　　　　　　④ 자동차검사에 합격한 경우

해설 임시운행허가를 받아 허가 기간 내에 운행하는 경우에는 자동차등록원부에 등록하기 전에 운행할 수 있다(자동차관리법 제5조).

정답　16 ①　17 ①　18 ②　19 ①　20 ①

실전문제 21

다음 중 국토교통부장관이 실시하는 자동차 검사에 해당하지 않는 것은?

① 신규검사 ② 예비검사
③ 튜닝검사 ④ 임시검사

해설 자동차 검사
- 신규검사 : 신규등록을 하려는 경우 실시하는 검사
- 정기검사 : 신규등록 후 일정 기간마다 정기적으로 실시하는 검사
- 튜닝검사 : 자동차를 튜닝한 경우에 실시하는 검사
- 임시검사 : 자동차관리법 또는 자동차관리법에 따른 명령이나 자동차 소유자의 신청을 받아 비정기적으로 실시하는 검사

실전문제 22

자동차 정기검사나 종합검사를 받아야 하는 기간의 만료일부터 30일 이내인 경우 과태료 2만 원, 30일 초과한 경우 3일 초과 시마다 과태료 1만 원이 추가된다. 이때 과태료의 최고한도액은 얼마인가?

① 30만 원 ② 20만 원
③ 10만 원 ④ 5만 원

해설 자동차 정기검사 미시행에 따른 과태료의 최고한도금액은 30만 원이다.

실전문제 23

도로법령상 도로관리청이 운행을 제한할 수 있는 화물자동차는 지상으로부터 높이는 몇 m를 초과하는 차량인가?

① 2m ② 3m
③ 4m ④ 5m

해설 도로관리청이 운행을 제한할 수 있는 화물자동차는 지상으로부터 높이가 4m를 초과하는 차량이지만 도로구조의 보전과 통행의 안전에 지장이 없다고 인정하여 고시한 도로노선의 경우에는 4.2m까지 가능하다(도로법 시행령 제79조 제2항 제2호).

실전문제 24

자동차의 원동기 가동제한을 1차 위반한 자동차의 운전자가 부과하는 과태료는?

① 15만 원 ② 10만 원
③ 5만 원   ④ 3만 원

해설 자동차의 원동기 가동제한을 위반한 운전자의 과태료
1차 · 2차 · 3차 이상 위반 모두 과태료 5만 원을 부과한다.

실전문제 25

화물의 인수요령으로 옳은 것은?
① 인수(집하)예약은 반드시 접수대장에 기재하여 누락되는 일이 없도록 한다.
② 지점에 도착된 물품에 대해서는 당일 배송을 원칙으로 한다.
③ 취급주의 스티커 부착 화물을 적재함 별도 공간에 위치하도록 한다.
④ 다수의 화물이 도착하였을 때에는 미도착 수량이 있는지 확인한다.

해설 ②는 화물의 인계요령이며, ③과 ④는 화물의 적재요령에 해당한다.

정답 21 ② 22 ① 23 ③ 24 ③ 25 ①

실전문제 26

시·도지사가 직권으로 말소등록을 할 수 있는 경우가 아닌 것은?

① 속임수나 그 밖의 부정한 방법으로 말소등록을 한 경우
② 자동차의 차대가 등록원부상의 차대와 다른 경우
③ 말소등록을 신청하여야 할 자가 신청하지 않는 경우
④ 자동차등록증이 없어지거나 알아보기 곤란하게 된 경우

해설 시·도지사가 직권으로 말소등록을 할 수 있는 경우
- 말소등록을 신청하여야 할 자가 신청하지 아니한 경우
- 자동차의 차대가 등록원부상의 차대와 다른 경우
- 자동차 운행정지 명령에도 불구하고 해당 자동차를 계속 운행하는 경우
- 자동차를 폐차한 경우
- 속임수나 그 밖의 부정한 방법으로 등록된 경우

실전문제 27

독극물을 운반할 때 주의할 점으로 옳지 않은 것은?

① 독극물 취급방법을 확인한 후 취급해야 한다.
② 독극물이 들어 있는 용기는 손으로 직접 다루지 말고, 굴려서 운반한다.
③ 적재 및 적하 작업 전에는 주차 브레이크를 사용하여 차량이 움직이지 않도록 한다.
④ 용기가 깨어질 염려가 있는 것은 나무상자나 플라스틱 상자 속에 넣어 보관한다.

해설 독극물을 취급하거나 운반할 때는 소정의 안전한 용기, 도구, 운반구 및 운반차를 이용하며, 거칠게 다루지 않는다.

실전문제 28

운송장 부착에 대한 설명으로 옳은 것은?

① 물품박스 우측면에 부착한다.
② 물품박스 좌측면 모서리에 부착한다.
③ 물품박스 바닥면에 부착한다.
④ 물품박스 정중앙 상단에 부착한다.

해설 운송장은 물품박스의 정중앙 상단에 뚜렷하게 보이도록 부착한다.

실전문제 29

다음 운송장 기재사항 중 집하담당자의 기재사항인 것은?

ㄱ. 물품의 수량	ㄴ. 운송료
ㄷ. 발송점	ㄹ. 수하인의 주소
ㅁ. 도착점 코드	

① ㄱ, ㄷ
② ㄴ, ㄹ
③ ㄴ, ㄷ, ㅁ
④ ㄷ, ㄹ, ㅁ

해설 ㄱ, ㄹ은 송하인의 기재사항이다. 집하담당자의 기재사항은 접수일자, 발송점, 도착점, 배달 예정일, 운송료, 집하자 성명 및 전화번호, 수하인용 송장상의 좌측 하단에 총수량 및 도착점 코드, 기타 물품의 운송에 필요한 사항이다.

정답 26 ④ 27 ② 28 ④ 29 ③

실전문제 30

트레일러의 장점으로 옳지 않은 것은?

① 영구적인 보관기능의 실현
② 트랙터의 효율적 이용
③ 효과적인 적재량
④ 트랙터와 운전자의 효율적인 운영

해설 트레일러 부분에 일시적으로 화물을 보관할 수 있으며, 여유 있는 하역작업을 할 수 있다.

실전문제 31

다음에 설명하는 화물자동차의 종류에 해당하지 않는 것은?

> 화물을 싣거나 내릴 때 발생하는 하역을 합리화하는 설비기기를 차량 자체에 장비하고 있는 차

① 실내 하역기기 장비차
② 분입체 수송차
③ 측방 개폐차
④ 시스템 차량

해설 합리화 특장차에 대한 설명이며 그 종류로는 실내 하역기기 장비차, 측방 개폐차, 쌓기·내리기 합리화차, 시스템 차량이 있다.

실전문제 32

포장화물 하역 시 일반적으로 수하역의 경우 낙하충격이 크다. 견하역인 경우 낙하의 높이는 얼마인가?

① 100cm 이상
② 80cm 이상
③ 60cm 이상
④ 40cm 이상

해설 **수하역의 경우 낙하의 높이**
- 견하역 : 100cm 이상
- 요하역 : 10cm 정도
- 파렛트 쌓기의 수하역 : 40cm 정도

실전문제 33

파렛트 화물의 붕괴를 방지하기 위한 방식이 아닌 것은?

① 밴드걸기 방식
② 스트레치 방식
③ 박스테두리 방식
④ 완충포장 방식

해설 완충포장 방식은 물품을 운송 또는 하역하는 과정에서 발생하는 진동이나 충격에 의한 물품파손을 방지하고, 외부로부터의 힘이 직접 물품에 가해지지 않도록 외부압력을 완화시키는 포장 방법이다.
파렛트 화물의 붕괴 방지 요령
- 박스테두리 방식 : 파렛트에 테두리를 붙이는 박스 파렛트와 같은 형태
- 스트레치 방식 : 스트레치 포장기를 사용하여 플라스틱 필름을 파렛트 화물에 감아 움직이게 하는 방법
- 밴드걸기 방식 : 나무상자를 파렛트에 쌓는 경우의 붕괴 방지에 많이 사용되는 방법

실전문제 34

택배 표준약관상 사업자가 운송물의 수탁을 거절할 수 있는 경우가 아닌 것은?

① 운송물이 현금화가 가능한 물건인 경우
② 운송물이 화약류·인화물질 등 위험한 물건인 경우
③ 운송물이 재생불가능한 계약서, 원고, 서류인 경우
④ 운송물 1포장의 가액이 100만 원을 초과하는 경우

해설 운송물 1포장의 가액이 300만 원을 초과하는 경우 운송물의 수탁을 거절할 수 있다.

정답 30 ① 31 ② 32 ① 33 ④ 34 ④

실전문제 35

화물의 하역방법으로 적절하지 않은 것은?

① 화물의 적하순서에 따라 작업을 한다.
② 길이가 고르지 못하면 한쪽 끝이 맞도록 한다.
③ 종류가 다른 것을 적치할 때는 가벼운 것을 밑에 쌓는다.
④ 화물을 한 줄로 높이 쌓지 말아야 한다.

해설 종류가 다른 화물을 적치할 때는 무거운 것은 밑에, 가벼운 것은 위에 쌓는다.

실전문제 36

창고 내에서 화물을 옮길 때 주의사항으로 옳지 않은 것은?

① 바닥에 물건 등이 놓여 있으면 넘어 다닌다.
② 작업 안전통로를 충분히 확보한 후 화물을 적재한다.
③ 바닥의 기름기나 물기는 즉시 제거하여 미끄럼 사고를 예방한다.
④ 운반통로에 있는 맨홀이나 홈에 주의한다.

해설 바닥에 물건 등이 놓여 있으면 사고가 발생할 수 있으므로 즉시 치우도록 한다.

실전문제 37

운송장의 기록에 대한 내용 중 옳지 않는 것은?

① 운송장 번호는 3년이 지나면 중복되어도 상관없다.
② 화물을 인수할 사람의 정확한 이름과 주소와 전화번호를 기록해야 한다.
③ 배송이 어려운 경우를 대비하여 송하인의 전화번호를 반드시 확보하여야 한다.
④ 운송장번호와 그 번호를 나타내는 바코드는 운송장을 인쇄할 때 기록되기 때문에 운전자가 별도로 기록할 필요는 없다.

해설 운송장 번호는 상당 기간이 지나도 중복되는 번호가 발생하지 않도록 충분한 자릿수가 확보되어야 한다.

실전문제 38

다음에 들어갈 내용으로 옳은 것은?

> 고객과 이루어진 이사화물의 운송계약을 약정된 이사화물의 인수일 당일에 사업자의 책임 사유로 해제한 경우 해당 사업자가 고객에게 지불해야 할 손해배상액은 계약금의 (　　)이다.

① 2배
② 4배
③ 5배
④ 6배

해설 고객과 이루어진 이사화물의 운송계약을 약정된 이사화물의 인수일 당일에 사업자의 책임 사유로 해제한 경우 해당 사업자가 고객에게 지불해야 할 손해배상액은 계약금의 6배이다.

실전문제 39

다음 중 고속도로 운행제한 차량에 해당하는 것은?

① 적재물을 포함한 차량의 높이가 5m인 차량
② 적재물을 포함한 차량의 폭이 2m인 차량
③ 차량의 총중량이 35톤인 차량
④ 차량의 축하중이 10톤인 차량

해설 적재물을 포함한 차량의 높이는 4m가 초과하면(도로 구조의 보전과 통행의 안전에 지장이 없다고 도로관리청이 인정하여 고시한 도로의 경우에는 4.2m) 고속도로 운행제한 차량에 해당한다.

정답　35 ③　36 ①　37 ①　38 ④　39 ①

실전문제 40

다음과 같은 상황일 때 '지연'은 몇 시간 이상을 의미하는가?

> 이사화물 표준약관상 고객은 사업자의 귀책사유로 이사화물의 인수가 지연될 경우 계약을 해제하고 사업자에게 손해배상을 청구할 수 있다.

① 1시간 이상
② 2시간 이상
③ 3시간 이상
④ 4시간 이상

해설 이사화물의 인수가 사업자의 귀책사유로 약정된 인수일시로부터 2시간 이상 지연된 경우 고객은 계약을 해제하고 이미 지급한 계약금액의 반환 및 계약금 6배액의 손해배상을 청구할 수 있다.

실전문제 41

다음 중 운전자의 운전과정의 결함에 의한 교통사고 중 차지하는 비중이 가장 높은 것은?

① 인지과정의 결함
② 판단과정의 결함
③ 지도과정의 결함
④ 조작과정의 결함

해설 운전자 요인에 의한 교통사고 중 인지과정의 결함에 의한 사고가 절반 이상으로 가장 많다.

실전문제 42

도로를 보호하고 비상시에 이용하기 위하여 차도에 접속하여 설치하는 도로의 부분은?

① 길어깨
② 변속차로
③ 측대
④ 분리대

해설 길어깨(갓길)는 고장차가 본선차도로부터 대피할 수 있게하며 사고 시 교통의 혼잡을 방지하는 역할을 한다.

실전문제 43

도로의 진행방향에 직각으로 설치하는 경사로서 도로의 배수를 원활하게 하기 위하여 설치하는 경사와 평면곡선부에 설치하는 편경사는?

① 차로수
② 횡단경사
③ 노상시설
④ 분리대

해설
① 차로수 : 양방향 차로의 수를 합한 것을 말한다.
③ 노상시설 : 길어깨 등에 설치하는 도로의 부속물을 말한다.
④ 분리대 : 차도를 통행의 방향에 따라 분리하는 시설물을 말한다.

실전문제 44

위험물 수송차량의 운전자가 준수해야 하는 사항으로 옳지 않은 것은?

① 운반용기와 포장외부에 반드시 품목과 화학명, 수량을 표시해야 한다.
② 일시정차 시 안전한 장소를 택하여 안전에 주의해야 한다.
③ 위험물의 폭발 위험이 있을 수 있으므로 소화 관련 설비는 휴대하지 않는다.
④ 수납구를 위로 향하게 적재해야 한다.

해설 위험물에 적응하는 소화설비를 설치하여야 한다.

정답 40 ② 41 ① 42 ① 43 ② 44 ③

실전문제 45

운전자가 자동차를 정지시켜야 할 상황임을 지각하고 브레이크 페달로 발을 옮겨 브레이크가 작동을 시작하는 순간까지 자동차가 진행한 거리는?

① 제동거리
② 정지거리
③ 공주거리
④ 작동거리

해설) 운전자가 자동차를 정지시켜야 할 상황임을 지각하고 브레이크 페달로 발을 옮겨 브레이크가 작동을 시작하는 순간까지의 시간을 공주시간이라고 한다. 이때까지 자동차가 진행한 거리를 공주거리라고 한다.

실전문제 46

내리막길 주행 변속 시 엔진 소리와 함께 재시동이 불가능한 현상은 무엇인가?

① 엔진 시동 꺼짐 현상
② 엔진 매연 과다 현상
③ 엔진 온도 과열 현상
④ 엔진 과회전 현상

해설) 엔진 과회전(Over revolution) 현상은 내리막길 주행 변속 시 엔진 소리와 함께 재시동이 불가능해지는 것을 말한다.

실전문제 47

바퀴마다 드럼에 손을 대보면 어느 한쪽만 뜨거운 경우가 있는데 이때 원인은 무엇인가?

① 엔진실 내의 전기 배선의 피복이 녹아 벗겨져서
② 브레이크 라이닝 간격이 좁아 브레이크가 끌려서
③ 주브레이크의 간격이 좁아서
④ 주차 브레이크를 당겼다 풀었으나 완전히 풀리지 않아서

해설) 바퀴마다 드럼에 손을 대보면 어느 한쪽만 뜨거운 경우가 있는데 이때는 브레이크 라이닝 간격이 좁아 브레이크가 끌리기 때문이다.

실전문제 48

충격흡수장치(Shock absorber)의 역할로 옳지 않은 것은?

① 스프링의 피로를 감소
② 노면에서 발생한 스프링의 진동 흡수
③ 탑승자의 승차감 향상
④ 타이어와 노면의 접착성을 감소시켜 미끄러지는 현상 방지

해설) 충격흡수장치는 타이어와 노면의 접착성을 향상시켜 커브길이나 빗길에 차가 튀거나 미끄러지는 현상을 방지한다.

실전문제 49

유체자극의 현상에 대한 설명으로 가장 거리가 먼 것은?

① 고속도로에서 고속으로 주행할 때 주변의 시설물이 눈에 들어오는 느낌의 자극을 말한다.
② 유체자극을 받으면서 오랜 시간 운전을 하면 운전자의 눈은 몹시 피로해진다.
③ 유체자극을 받은 운전자는 안정된 시계를 갖기 위해 무의식 중에 앞차와 멀리 떨어진다.
④ 유체자극이 지속되면 속도감 등이 마비되어 점점 반응이 둔해진다.

해설) 유체자극을 오랜 시간 받은 운전자는 무의식 중에 유체자극을 피하여 안정된 시계를 갖기 위해 앞에 자동차가 주행하고 있으면, 그 차와의 일정한 거리까지 접근하여 될 수 있는 한 앞차의 뒷부분에 시선을 고정시켜서 앞차와 같은 속도로 주행하려고 한다.

정답 45 ③ 46 ④ 47 ② 48 ④ 49 ③

실전문제 50

다음 중 중앙분리대의 종류에 속하지 않는 것은?

① 연석형 중앙분리대
② 날개형 중앙분리대
③ 방호울타리형 중앙분리대
④ 광폭 중앙분리대

해설 중앙분리대의 종류에는 방호울타리형, 연석형, 광폭 중앙분리대가 있다.

실전문제 51

중앙분리대와 교통사고의 관계에 대한 설명으로 옳지 않은 것은?

① 전체 사고건수에 대한 중앙분리대를 횡단하여 정면충돌한 사고의 비율과 분리대 폭과의 관계는 밀접하다.
② 중앙분리대로 설치된 방호울타리는 사고의 유형을 바꾸기보다는 사고를 방지해주기 때문에 효과적이다.
③ 분리대의 폭이 넓을수록 전체사고에 대한 정면충돌사고의 비율도 낮다.
④ 보행자에 대한 언전섬이 됨으로서 횡단 시 안전을 확보한다.

해설 방호울타리는 사고를 방지한다기보다는 사고의 유형을 변환시켜주기 때문에 효과적이다.

실전문제 52

철길 건널목 안에서 차량이 고장났을 때 적절한 대처방법이 아닌 것은?

① 즉시 동승자를 대피시킨다.
② 시동이 걸리지 않을 때는 기어를 1단 위치에 두고 페달을 밟은 상태에서 엔진 키를 돌린다.
③ 차는 건널목 밖으로 이동시키도록 조치한다.
④ 철도공사 직원에게 신속하게 알린다.

해설 시동이 걸리지 않을 경우 당황하지 않고 기어를 1단 위치에 두고 클러치 페달을 밟지 않은 상태에서 엔진 키를 돌리면 시동 모터의 회전으로 바퀴를 움직여 철길을 빠져 나올 수 있다.

실전문제 53

여름철 안전운전 및 교통사고 예방에 대한 설명으로 가장 옳지 않은 것은?

① 뜨거운 태양 아래 오래 주차 시 더운 에어컨을 최대로 켜서 실내의 더운 공기를 빼고 운행하는 것이 좋다.
② 주행 중 갑자기 시동이 꺼진 경우 자동차를 길 가장자리 그늘진 곳으로 옮긴 후 보닛을 열고 열을 식힌다.
③ 여름철에는 무더위로 인해 엔진이 과열되기 쉬우므로 냉각장치를 점검하여야 한다.
④ 비가 내리는 도로를 주행할 때는 건조한 도로보다 마찰력이 높아져 미끄럼 사고 가능성이 있으므로 감속 운행한다.

해설 비에 젖은 도로를 주행할 때는 건조한 도로에 비해 마찰력이 떨어져 미끄럼에 의한 사고 가능성이 있다.

실전문제 54

다음 빈칸에 들어갈 알맞은 단어는?

> 내리막길에서 풋 브레이크만 사용하게 되면 라이닝의 마찰에 의해 제동력이 떨어지므로 (　　)를 사용하는 것이 안전하다.

① 앤티록 브레이크
② 제이크 브레이크
③ 사이드 브레이크
④ 엔진 브레이크

해설 내리막길에서 풋 브레이크만 사용하게 되면 라이닝의 마찰에 의해 제동력이 떨어지므로 엔진 브레이크를 사용하는 것이 안전하다.

정답 50 ② 51 ② 52 ② 53 ④ 54 ④

실전문제 55

다음 중 운전면허를 취득하려는 경우 색채 식별이 가능하여야 하는 색상을 모두 고른 것은?

ㄱ. 붉은색	ㄴ. 검정색
ㄷ. 흰색	ㄹ. 노란색
ㅁ. 녹색	

① ㄱ, ㄹ, ㅁ
② ㄴ, ㄷ, ㅁ
③ ㄷ, ㄹ, ㅁ
④ ㄱ, ㄴ, ㄷ, ㅁ

해설 도로교통법상 붉은색, 녹색, 노란색 식별이 가능해야 면허를 부여한다.

실전문제 56

고령보행자의 보행행동 특성이 아닌 것은?

① 보행 시 상점이나 포스터를 보면서 걷는 경향이 있다.
② 판단력이 부족하고 모방행동이 많다.
③ 경음기를 울려도 반응을 보이지 않는 경향이 크다.
④ 도로의 노면표시가 없으면 도로 중앙부를 걷는 경향이 있다.

해설 ②는 어린이의 교통행동 특성에 대한 설명이다.

실전문제 57

운전과 관련되는 시각의 특성 중 옳지 않은 것은?

① 속도가 빨라질수록 시력은 떨어진다.
② 운전자는 운전에 필요한 정보의 대부분을 시각을 통해 얻는다.
③ 속도가 빨라질수록 시야의 범위가 좁아진다.
④ 속도가 빨라질수록 전방주시점은 가까워진다.

해설 속도가 빨라질수록 전방주시점은 멀어진다.

실전문제 58

이면도로가 간선도로와 달리 위험성이 많은 요인으로 옳지 않은 것은?

① 도로의 폭이 좁고 보도 등의 안전시설이 없다.
② 주변에 점포와 주택이 밀집되어 있어 보행자가 아무 곳에서나 통행을 하기도 한다.
③ 간선도로보다 차의 속도가 빠르기 때문에 항상 주의해야 한다.
④ 어린이들이 뛰어 노는 경우가 많아 어린이들과의 사고가 일어나기 쉽다.

해설 이면도로는 간선도로와 달리 운전을 하는데 있어 여러 가지 환경과 여건이 좋지 않기 때문에 위험성이 많으며 차의 속도는 간선도로보다 느리다.

실전문제 59

내리막길에서의 안전운전에 대한 설명으로 옳은 것은?

① 정차할 때 앞차가 뒤로 밀려 충돌할 가능성을 염두에 두고 안전 거리를 확보한다.
② 정상 부근이 사각 지대이므로 마주 오는 차에 대비해 서행으로 통행한다.
③ 커브 주행 시 불필요하게 속도를 줄이거나 급제동하는 것은 금물이다.
④ 출발 시에는 핸드 브레이크를 사용하는 것이 안전하다.

해설 ①, ②, ④는 오르막길에서의 안전운전에 대한 설명이다.

정답 55 ① 56 ② 57 ④ 58 ③ 59 ③

실전문제 60

배출가스의 색에 따른 엔진의 상태로 옳은 것은?

① 무색 : 엔진 안에서 다량의 엔진오일이 실린더 위로 올라와 연소되는 경우
② 검은색 : 농후한 혼합가스가 들어가 불완전 연소되는 경우
③ 백색 : 완전연소 때 배출되며 엔진이 정상적인 경우
④ 엷은 청색 : 초크 고장이나 에어클리너 엘리먼트가 막힌 경우

해설 배출가스가 검은색일 땐 농후한 혼합가스가 들어가 불완전 연소되는 경우이다. 초크 고장이나 에어클리너 엘리먼트의 막힘, 연료장치 고장 등이 그 원인이다.

실전문제 61

다음 중 타이어 마모에 영향을 주는 요소로 가장 거리가 먼 것은?

① 보닛
② 공기압
③ 속도
④ 노면

해설 타이어 마모에 영향을 주는 요소로는 공기압, 하중, 속도, 커브, 브레이크, 노면이 있다.

실전문제 62

차체가 Z축을 중심으로 하여 회전 운동을 하는 고유 진동은 무엇인가?

① 롤링(Rolling)
② 피칭(Pitching)
③ 바운싱(Bouncing)
④ 요잉(Yawing)

해설 요잉은 차체가 Z축을 중심으로 하여 회전 운동을 하는 고유 진동이다. 즉, 차량의 무게중심을 지나는 윗방향의 축(Z축)을 중심으로 차량이 회전하는 현상으로 심할 경우 노면상에 요마크를 생성한다.

실전문제 63

다음 중 현가장치와 관련된 현상이 아닌 것은?

① 바운싱(Bouncing)
② 노즈 업(Nose up)
③ 모닝 록(Morning lock)
④ 롤링(Rolling)

해설 현가장치는 도로 충격을 흡수하여 운전자와 화물에 더욱 유연한 승차를 제공하며 관련 현상으로는 바운싱, 피칭, 롤링, 요잉, 노즈 업·다운이 있다.

실전문제 64

정상적인 시력을 가진 사람의 시야범위는?

① 180°~200°
② 140°~160°
③ 100°~120°
④ 60°~80°

해설 정지한 상태에서 눈의 초점을 고정시키고 양쪽 눈으로 볼 수 있는 범위를 시야라고 하며 정상적인 시력을 가진 사람의 시야범위는 180°~200°이다.

정답 60 ② 61 ① 62 ④ 63 ③ 64 ①

실전문제 65

운전과정에서 인지판단조작의 과정 순서로 올바른 것은?

① 판단 – 인지 – 조작
② 인지 – 판단 – 조작
③ 조작 – 판단 – 인지
④ 인지 – 조작 – 판단

해설) 자동차를 운행하고 있는 운전자는 교통상황을 알아차리고(인지), 어떻게 자동차를 움직여 운전할 것인가를 결정하고(판단), 그 결정에 따라 자동차를 움직이는 운전행위(조작)에 이르는 과정을 수없이 반복한다.

실전문제 66

다음은 고객만족을 위한 서비스 품질의 분류 중 무엇인가?

> 고객으로부터 신뢰를 획득하기 위한 품질

① 서비스 품질
② 상품 품질
③ 영업 품질
④ 배송 품질

해설) ② 상품 품질 : 성능 및 사용방법을 구현한 하드웨어 품질
③ 영업 품질 : 환경과 분위기를 고객만족으로 실현하기 위한 소프트웨어 품질

실전문제 67

물류코스트의 상승과 가장 관계가 깊은 수송체계는?

① 저빈도 대량 수송체계
② 저빈도 소량 수송체계
③ 고빈도 대량 수송체계
④ 고빈도 소량 수송체계

해설) 고빈도 소량 수송체계는 필연적으로 물류코스트 상승을 가져온다.

실전문제 68

새로운 물류서비스 기업 중 공급망관리가 표방하는 것은?

① 종합물류
② 무인도전
③ 토탈물류
④ 로지스틱스

해설) 새로운 물류서비스 기업 중 공급망관리가 표방하는 것은 종합물류이다.

실전문제 69

다음 중 고객 대면 시 인사하는 마음가짐으로 적절하지 않은 것은?

① 밝고 상냥한 미소로 하여야 한다.
② 정성과 미안한 마음으로 하여야 한다.
③ 예절바르고 정중하게 하여야 한다.
④ 경쾌하고 겸손한 인사말과 함께 하여야 한다.

해설) 인사할 때 정성과 감사의 마음으로, 예절바르고 정중하게, 밝고 상냥한 미소로, 경쾌하고 겸손한 인사말과 함께 하여야 한다.

정답 65 ② 66 ① 67 ④ 68 ① 69 ②

실전문제 70

재고품으로 주문품을 공급할 수 있는 정도를 나타내는 용어는?

① 재고신뢰성
② 납기
③ 혼재
④ 주문품의 상품구색시간

해설 품절, 백오더, 주문충족률, 납품률 등 재고품으로 주문품을 공급할 수 있는 정도를 의미하는 것은 재고신뢰성이다.

실전문제 71

생산된 재화가 최종 고객이나 소비자에게까지 전달되는 물류과정은?

① 물적 유통과정
② 물적 공급과정
③ 물적 생산과정
④ 물적 소비과정

해설 물적 유통과정이란 생산된 재화가 최종 고객이나 소비자에게까지 전달되는 물류과정이다.

실전문제 72

다음에 설명하는 통신 서비스는?

> 중계국에 할당된 여러 개의 채널을 공동으로 사용하는 무전기시스템으로서 이동차량이나 선박 등 운송수단에 탑재하여 이도간의 정보를 실시간으로 송·수신할 수 있는 통신 서비스

① TPL
② ECR
③ TRS
④ QR

해설 주파수 공용통신인 TRS에 대한 설명으로 현재 꿈의 로지스틱스 실현이라고 부를 정도로 혁신적인 화물 추적통신망시스템으로서 주로 물류관리에 많이 이용된다.

실전문제 73

운행 전 주의사항에 해당하는 것은?

① 배차사항 및 지시, 전달사항을 확인한다.
② 후진 시에는 유도요원을 배치하여 신호에 따라 안전하게 후진한다.
③ 자동차 주변의 노상취객 등을 확인 후 안전하게 운행한다.
④ 내리막길에서는 풋 브레이크의 장시간 사용을 삼가고, 엔진 브레이크 등을 적절히 사용하여 안전운행한다.

해설 운전자는 운행 전에 배차 및 지시, 전달사항을 확인하고 적재물의 특성을 확인하여 특별한 안전조치가 요구되는 화물에 대해서는 사전 안전장비를 장치 및 휴대 후 운행하여야 한다. ②~④는 운행상 주의사항에 해당한다.

실전문제 74

최소의 비용으로 소비자를 만족시켜서 서비스 질의 향상을 촉진시켜 매출신장을 도모하는 물류 관점은?

① 종합국가적 관점
② 국민경제적 관점
③ 개별기업적 관점
④ 사회경제적 관점

해설 ② 국민경제적 관점 : 기업의 유통효율 향상으로 물류비를 절감하여 소비자물가와 도매물가의 상승을 억제해야 한다.
④ 사회경제적 관점 : 인간이 주체가 되어 수행하는 경제활동의 일부분으로 사업활동을 주로 한다.

정답 70 ① 71 ① 72 ③ 73 ① 74 ③

실전문제 75

사업용 트럭의 장점으로 옳지 않은 것은?

① 수송능력이 높다.
② 시스템의 일관성 유지가 가능하다.
③ 설비투자가 필요 없다.
④ 융통성이 높다.

해설 사업용 트럭은 시스템의 일관성이 없으며 시스템의 일관성이 유지되는 것은 자가용의 장점에 해당한다.

실전문제 76

제3자 물류의 특징으로 볼 수 없는 것은?

① 제3자 물류는 물류 자회사에 의한 물류효율화의 한계에 인해 도입되었다.
② 제3자 물류는 화주기업이 자기의 모든 물류활동을 외부에 위탁하는 경우를 말한다.
③ 제3자 물류는 기업이 사내의 물류조직을 별도로 분리하여 자회사로 독립시키는 경우이다.
④ 국내의 제3자 물류수준은 물류 아웃소싱 단계에 있다.

해설 기업이 사내의 물류조직을 별도로 분리하여 자회사로 독립시키는 경우는 제2자 물류 또는 자회사 물류에 해당한다.

실전문제 77

공급망관리에 있어 제4자 물류의 4단계 중 다음의 특징을 갖고 있는 단계는?

> 참여자의 공급망을 통합하기 위해서 비즈니스 전략을 공급망 전략과 제휴하면서 전통적인 공급망 컨설팅 기술을 강화하는 단계

① 재창조
② 전환
③ 이행
④ 실행

해설 재창조(Reinvention) 단계는 공급망에 참여하고 있는 복수의 기업과 독립된 공급망 참여자들 사이에 협력을 넘어서 공급망의 계획과 동기화에 의해 가능한 것으로, 재창조는 참여자의 공급망을 통합하기 위해서 비즈니스 전략을 공급망 전략과 제휴하면서 전통적인 공급망 컨설팅 기술을 강화한다.

실전문제 78

다음 중 통합판매 · 물류 · 생산시스템(CALS)의 도입 효과로 옳지 않은 것은?

① CALS/EC 는 새로운 생산 · 유통 · 물류의 패러다임으로 등장하고 있다.
② CALS정보의 공유와 활용으로 기업을 수평적이고 동시공학적 체제로 전환한다.
③ 정보시스템의 연계는 오프라인 조직 간의 결속력을 강화하여 가상기업의 출연을 어렵게 하였다.
④ 시장의 급속한 변화에 대응하기 위해 수익성이 낮은 사업은 과감히 버리고 리엔지니어링을 통해 경쟁력 있는 사업에 경영자원을 집중투입한다.

해설 CALS/EC의 도입은 기술정보를 통합 및 공유한 세계화된 실시간 경영실현을 통해 기업통합을 가능하게 하고, 정보시스템의 연계는 조직의 벽을 허물어 가상기업의 출현을 낳게 하고 이는 기업 내 또는 기업 간 장벽을 허무는 역할을 하게 될 것이다.

실전문제 79

택배작업 중 집하가 중요한 이유로 옳지 않은 것은?

① 집하는 택배사업의 기본이다.
② 택배가 집하보다 우선되어야 한다.
③ 배달 있는 곳에 집하가 있다.
④ 집하를 잘 해야 고객불만이 감소한다.

해설 집하가 배달보다 우선되어야 한다.

정답 75 ② 76 ③ 77 ① 78 ③ 79 ②

실전문제 80

트럭운송의 전망으로 옳지 않은 것은?

① 트럭터미널의 단순화
② 트레일러 수송과 도킹시스템화
③ 컨테이너 및 파렛트 수송의 강화
④ 집배 수송용차의 개발과 이용

해설 **트럭운송의 전망**
- 고효율화
- 왕복실차율 증가
- 트레일러 수송과 도킹시스템화
- 바퀴 태우기 수송과 이어타기 수송
- 컨테이너 및 파렛트 수송의 강화
- 집배 수송용차의 개발과 이용
- 트럭터미널의 복합화 및 시스템화

정답 80 ①

03 실전모의고사 3회

실전문제 01

다음 중 도로법에 의한 도로가 아닌 것은?

① 지방도
② 군도
③ 읍도
④ 시도

해설 도로법에 따른 도로는 일반의 교통에 공용되는 도로로서 고속국도, 일반국도, 특별시도·광역시도, 지방도, 시도, 군도, 구도로 그 노선이 지정 또는 인정된 도로이다.

실전문제 02

다음 중 교통안전표지의 종류에 해당하지 않는 것은?

① 경고표지
② 규제표지
③ 노면표지
④ 지시표지

해설 교통안전표지는 주의표지, 규제표지, 지시표지, 보조표지, 노면표지로 구분된다.

실전문제 03

안전거리 확보 등의 통행방법으로 틀린 것은?

① 부득이한 경우가 아니라면 급제동을 해서는 안 된다.
② 모든 차의 운전자는 앞차와의 충돌을 피할 수 있는 거리를 확보하여야 한다.
③ 다른 차의 정상적인 통행에 장애를 줄 우려가 있을 경우 경적 등으로 신호한 후 진로를 변경하여야 한다.
④ 자전거의 옆을 지날 때는 그 자전거와의 충돌을 피할 수 있도록 거리를 확보하여야 한다.

해설 모든 차의 운전자는 진로를 변경하려는 경우에 그 변경하려는 방향으로 오고 있는 다른 차의 정상적인 통행에 장애를 줄 우려가 있을 때에는 진로를 변경해서는 안 된다.

실전문제 04

도로교통법령상 최고속도의 50/100을 줄인 속도로 운행하여야 하는 경우는?

① 비가 내려 노면이 젖어 있는 경우
② 폭설로 가시거리가 150m 이내인 경우
③ 노면이 얼어붙은 경우
④ 눈이 15mm 이상 쌓인 경우

해설 폭우·폭설·안개 등으로 가시거리가 100m 이내인 경우, 노면이 얼어붙은 경우, 눈이 20mm 이상 쌓인 경우에는 최고속도의 50/100을 줄인 속도로 운행하여야 한다.

실전문제 05

다음 중 제1종 대형면허로 운전할 수 없는 차는?

① 승합자동차
② 덤프트럭
③ 대형견인차
④ 도로보수트럭

해설 제1종 대형면허로 운전할 수 있는 차의 종류(도로교통법 시행규칙 별표 18)
- 승용자동차
- 승합자동차
- 화물자동차
- 건설기계
- 특수자동차(대형견인차, 소형견인차 및 구난차는 제외)

정답   01 ③   02 ①   03 ③   04 ③   05 ③

실전문제 06

다음 중 제2종 보통면허로 운전할 수 있는 화물차량은?

① 적재중량 4톤의 화물자동차
② 적재중량 4.5톤의 화물자동차
③ 총중량 4톤의 특수자동차
④ 총중량 3톤의 구난차

해설 제2종 보통면허 소지자는 적재중량 4톤 이하의 화물자동차 혹은 총중량 3.5톤 이하의 특수자동차(구난차 등은 제외)를 운전할 수 있다.

실전문제 07

사고결과에 따른 벌점 산정 시 경상사고의 기준은?

① 5일 미만의 치료를 요하는 사고
② 5일 이상 3주 미만의 치료를 요하는 사고
③ 3주 이상 5주 미만의 치료를 요하는 사고
④ 5주 이상 8주 미만의 치료를 요하는 사고

해설 사고결과에 따른 벌점 산정 시 경상사고의 기준은 5일 이상 3주 미만의 치료를 요하는 의사의 진단이 있는 사고이다.

실전문제 08

운전면허의 취소처분에 해당하는 음주운전 기준은?

① 혈중알코올농도 0.03퍼센트 이상의 상태에서 운전한 때
② 혈중알코올농도 0.05퍼센트 이상의 상태에서 운전한 때
③ 혈중알코올농도 0.06퍼센트 이상의 상태에서 운전한 때
④ 혈중알코올농도 0.08퍼센트 이상의 상태에서 운전한 때

해설 혈중알코올농도 0.08퍼센트 이상의 상태에서 운전한 경우 운전면허가 취소된다.

실전문제 09

교통사고처리특례법상 중앙선 침범에 해당하지 않는 것은?

① 커브길 과속으로 인한 중앙선 침범
② 교차로 좌회전 중 일부 중앙선 침범
③ 빗길 과속으로 인한 중앙선 침범
④ 의도적 U턴 중 중앙선 침범

해설 **중앙선 침범 미적용**
- 불가항력적 중앙선 침범
- 만부득이한 중앙선 침범
  - 사고피양 급제동으로 인한 중앙선 침범
  - 위험 회피로 인한 중앙선 침범
  - 충격에 의한 중앙선 침범
  - 빙판 등 부득이한 중앙선 침범
  - 교차로 좌회전 중 일부 중앙선 침범

실전문제 10

다음 중 자동차관리법령에서 정하는 중형 화물자동차에 해당하는 것은?

① 최대적재량 1톤 이하, 총중량 3.5톤 이하인 것
② 최대적재량 1톤 초과 5톤 미만이거나, 총중량이 3.5톤 초과 10톤 미만인 것
③ 배기량이 1,000cc 미만으로서 길이 3.6미터, 너비 1.6미터, 높이 2.0미터 이하인 것
④ 배기량이 250cc 이하이고 길이 3.6미터, 너비 1.5미터, 높이 2.0미터 이하인 것

해설 ①은 소형 화물자동차, ③은 경형 화물자동차 중 일반형, ④는 경형 화물자동차 중 초소형의 정의이다.

정답 06 ① 07 ② 08 ④ 09 ② 10 ②

실전문제 11

화물자동차 운송사업 중 화물자동차 1대를 사용하여 화물을 운송하는 사업은?

① 개별화물자동차 운송사업
② 단독화물자동차 운송사업
③ 위탁화물자동차 운송사업
④ 개인화물자동차 운송사업

 화물자동차 운수사업법 제3조에 따르면 화물자동차 1대를 사용하여 화물을 운송하는 사업으로서 대통령령으로 정하는 사업은 개인화물자동차 운송사업이다.

실전문제 12

화물의 멸실·훼손 또는 인도의 지연으로 발생한 운송사업자의 손해배상 책임에 관하여 적용되는 법은 무엇인가?

① 민법
② 형법
③ 상법
④ 소비자보호법

 화물자동차 운수사업법 제7조에 따르면 화물의 멸실·훼손 또는 인도의 지연으로 발생한 운송사업자의 손해배상 책임에 관하여는 상법 제135조를 준용한다.

실전문제 13

화물자동차 운송사업자가 적재물배상 책임보험 또는 공제에 가입하지 않은 기간이 15일인 경우 부과되는 과태료는?

① 1만 5천 원
② 2만 5천 원
③ 3만 원
④ 4만 원

 화물자동차 운송사업자가 적재물배상 책임보험 또는 공제에 가입하지 않은 경우 그 기간이 10일을 초과하였다면 1만 5천 원에 11일째부터 기산하여 1일당 5천 원을 가산한 금액을 부과한다. 따라서 미가입 기간이 15일인 경우 1만 5천 원+(5천 원×5일)=4만 원을 과태료로 부과한다.

실전문제 14

신규검사 또는 유지검사의 적합판정을 받은 사람으로서 해당 검사를 받은 날부터 3년 이내에 취업하지 않은 경우 받아야 하는 운전적성정밀검사는?

① 신규검사
② 유지검사
③ 갱신검사
④ 특별검사

 신규검사 또는 유지검사의 적합판정을 받은 사람으로서 해당 검사를 받은 날로부터 3년 이내에 취업하지 아니한 사람은 유지검사(자격유지검사)를 받아야 한다. 다만, 해당 검사를 받은 날부터 취업일까지 무사고로 운전한 사람은 제외한다.

실전문제 15

화물자동차 운전자가 화물자동차 밖에서 쉽게 볼 수 있도록 운전석 앞 창의 오른쪽 위에 항상 게시하여야 하는 것은?

① 자동차등록증
② 자동차보험증서
③ 화물운송종사자격증명
④ 자동차번호판

 운송사업자는 화물자동차 운전자에게 화물운송종사자격증명을 화물자동차 밖에서 쉽게 볼 수 있도록 운전석 앞 창의 오른쪽 위에 항상 게시하고 운행하도록 하여야 한다.

정답 11 ④ 12 ③ 13 ④ 14 ② 15 ③

실전문제 16

화물운송 중 과실로 교통사고를 일으켜 사망자 1명 또는 중상자 6명 이상의 사상자를 발생시킨 경우의 처분으로 옳은 것은?

① 자격 취소
② 자격 정지 30일
③ 자격 정지 60일
④ 자격 정지 90일

해설 과실로 교통사고를 일으켜 사망자가 2명 이상 발생한 경우 자격 취소, 사망자 1명 및 중상자 3명 이상이 발생한 경우 자격 정지 90일, 사망자 1명 또는 중상자 6명 이상이 발생한 경우 자격 정지 60일의 처분이 각각 내려진다.

실전문제 17

용달화물자동차 운송사업자가 화물자동차 운전자의 취업 현황 및 퇴직 현황을 보고하지 않거나 거짓으로 보고한 경우 과징금은 얼마인가?

① 5만 원
② 10만 원
③ 20만 원
④ 30만 원

해설 화물자동차 운전자의 취업 현황 및 퇴직 현황을 보고하지 않거나 거짓으로 보고한 경우 일반화물자동차 운송사업자에게는 20만 원, 개별화물자동차 운송사업자 및 용달화물자동차 운송사업자, 화물자동차 운송가맹사업자에게는 10만원의 과징금이 부과된다.

실전문제 18

자동차관리법령에서 정의하는 자동차에 해당하지 않는 것은?

① 승용자동차
② 특수자동차
③ 농업기계
④ 화물자동차

해설 자동차관리법령에서는 자동차를 승용자동차, 승합자동차, 화물자동차, 특수자동차 및 이륜자동차로 구분하고 있다. 농업기계화 촉진법에 따른 농업기계는 자동차관리법령에서 정의하는 자동차에 해당하지 않는다.

실전문제 19

등록된 자동차를 양수받는 자는 대통령령으로 정하는 바에 따라 시·도지사에게 자동차 소유권의 무엇을 신청하여야 하는가?

① 신규등록
② 말소등록
③ 변경등록
④ 이전등록

해설 자동차관리법 제12조 제1항에 따라 등록된 자동차를 양수받는 자는 대통령령으로 정하는 바에 따라 시·도지사에게 자동차 소유권의 이전등록을 신청하여야 한다.

실전문제 20

다음 중 자동차관리법령에 따른 자동차의 점검 및 정비명령의 주체가 아닌 것은?

① 시장
② 군수
③ 도지사
④ 구청장

해설 자동차관리법 제37조에 따르면 시장·군수·구청장은 자동차 소유자에게 국토교통부령으로 정하는 바에 따라 점검·정비·검사 또는 원상복구를 명할 수 있다.

정답 16 ③ 17 ② 18 ③ 19 ④ 20 ③

실전문제 21

차령이 2년 이하인 사업용 대형화물자동차의 검사 유효기간은 얼마인가?

① 1년 ② 6개월
③ 3개월 ④ 1개월

해설 차령이 2년 초과인 사업용 대형화물자동차의 검사 유효기간은 6개월, 2년 이하인 경우에는 1년이다(자동차관리법 시행규칙 별표 15의2).

실전문제 22

다음 중 도로법상 규정된 내용으로 옳지 않은 것은?

① 도로공사의 시행 ② 도로망의 계획수립
③ 노선의 상태 점검 ④ 도로의 비용 부담

해설 도로망의 계획수립, 도로 노선의 지정, 도로공사의 시행과 도로의 시설 기준, 도로의 관리·보전 및 비용 부담 등에 관한 사항이 규정되어 있다.

실전문제 23

다음 중 빈칸에 들어갈 알맞은 내용은?

> 자동차전용도로를 지정하는 도로관리청은 다음에 따라 경찰청장 등의 의견을 들어야 한다(도로법 제 48조 제3항).
> - 도로관리청이 국토교통부장관인 경우 : (가)
> - 도로관리청이 특별시장·광역시장·도지사 또는 특별자치도지사인 경우 : 관할지방경찰청장
> - 도로관리청이 특별자치시장, 시장·군수 또는 구청장인 경우 : (나)

① 가 – 관할지방경찰청장, 나 – 관할지방경찰청장
② 가 – 경찰청장, 나 – 관할지방경찰청장
③ 가 – 경찰청장, 나 – 관할경찰서장
④ 가 – 관할경찰서장, 나 – 경찰청장

해설 도로관리청이 국토교통부장관인 경우에는 경찰청장, 도로관리청이 특별자치시장, 시장·군수 또는 구청장인 경우는 관할경찰서장의 의견을 각각 들어야 한다.

실전문제 24

제한차량 운행허가 신청서에 첨부해야 하는 서류가 아닌 것은?

① 차량검사증 ② 차량 중량표
③ 구조물 통과 하중 계산서 ④ 등록번호판

해설 제한차량 운행허가 신청서에 첨부하여야 하는 서류(시행규칙 제40조 제1항)
- 차량검사증 또는 차량등록증
- 차량 중량표
- 구조물 통과 하중 계산서

실전문제 25

운송장에 기록되어야 할 사항이 아닌 것은?

① 주문번호 또는 고객번호 ② 운전자의 전자우편주소
③ 수하인의 주소, 성명 및 전화번호 ④ 운송장 번호와 바코드

해설 운전자의 전자우편주소는 운송장에 기록되어야 할 사항에 포함되지 않는다.

정답 21 ① 22 ③ 23 ③ 24 ④ 25 ②

실전문제 26

자동차 튜닝이 승인되지 않는 경우로 옳지 않은 것은?

① 변경 전보다 성능 또는 안전도가 저하될 우려가 있는 경우의 변경
② 총중량이 증가되는 튜닝
③ 승차정원 또는 최대적재량을 감소시켰던 자동차를 원상회복하는 경우
④ 자동차의 종류가 변경되는 튜닝

해설 승차정원 또는 최대적재량의 증가를 가져오는 승차장치 또는 물품적재장치의 튜닝의 경우 승인되지 않지만, 승차정원 또는 최대적재량을 감소시켰던 자동차를 원상회복하는 경우는 제외한다.

실전문제 27

세미 트레일러(Semi trailer)의 특징으로 옳지 않은 것은?

① 파이프나 H형강 등 장척물의 수송을 목적으로 한 트레일러이다.
② 가동 중인 트레일러 중에서는 가장 많고 일반적인 트레일러이다.
③ 발착지에서의 트레일러 탈착이 용이하고 공간을 적게 차지해서 후진하는 운전을 하기가 쉽다.
④ 세미 트레일러용 트랙터에 연결하여, 총 하중의 일부분이 견인하는 자동차에 의해서 지탱되도록 설계된 트레일러이다.

해설 ①은 폴 트레일러(Pole trailer)의 특징이다.

실전문제 28

부패 또는 변질되기 쉬운 물품의 적절한 포장방법은?

① 아이스박스 포장
② 이중 포장
③ 플라스틱 비닐 포장
④ 에어 캡 포장

해설 부패 또는 변질되기 쉬운 물품의 경우 아이스박스를 사용하여 이를 방지할 수 있다.
② 이중 포장 : 개봉이 되지 않도록 안전장치를 강구한 후 박스로 이중 포장한다.
③ 플라스틱 비닐 포장 : 매트 제품의 경우 내용물의 겉포장 상태가 천 종류로 되어 있어 타 화물에 의한 훼손으로 내용물의 오손우려가 있으므로 고객에게 양해를 구하고 내용물을 보호할 수 있는 비닐 포장을 한다.
④ 에어 캡 포장 : 가구류의 경우 박스 포장하고 모서리부분을 에어 캡으로 포장한다.

실전문제 29

전용 특장차에 속하지 않는 것은?

① 시스템 차량
② 덤프트럭
③ 액체 수송차량
④ 벌크차량

해설 전용 특장차는 덤프트럭, 믹서차량, 벌크차량(분립체 수송차), 액체 수송차, 냉동차 등이 있다. 시스템 차량은 합리화 특장차에 속한다.

실전문제 30

화물의 포장과 포장 사이에 미끄럼이 발생하지 않도록 조치하여 파렛트 화물의 붕괴를 방지하는 방식은?

① 슈링크 방식
② 스크레치 방식
③ 풀붙이기 접착방식
④ 슬립멈추기 시트삽입방식

해설 슬립멈추기 시트삽입방식은 포장과 포장 사이에 미끄럼을 멈추는 시트를 넣음으로써 안전을 도모하는 방법으로, 부대화물에는 효과가 있으나 상자는 진동하면 튀어 오르기 쉽다는 문제가 있다.

정답 26 ③ 27 ① 28 ① 29 ① 30 ④

실전문제 31

집하담당자의 운송장 기재사항이 아닌 것은?

① 발송점
② 운송료
③ 집하자 성명 및 전화번호
④ 수하인의 전화번호

해설 수하인의 전화번호는 송하인의 기재사항이다.

실전문제 32

다음에 들어갈 숫자는?

> 트랙터 차량의 캡과 적재물의 간격은 (　　)cm 이상으로 유지해야 한다.

① 140
② 120
③ 100
④ 80

해설 트랙터 차량의 캡과 적재물의 간격은 120cm 이상으로 유지해야 한다.

실전문제 33

다음과 같은 상황에서 사업자의 손해배상액으로 고객에게 운송장 기재 운임액의 몇 배를 지불해야 하는가?

> 특정 일시에 사용할 목적으로 의뢰한 택배물품이 연착되었을 경우

① 100%
② 150%
③ 200%
④ 250%

해설 특정 일시에 사용할 목적으로 의뢰한 택배물품이 연착되었을 경우 사업자의 손해배상액으로 고객에게 운송장 기재 운임액의 200%를 지불해야 한다.

실전문제 34

차량 내에 화물을 적재할 때 무거운 화물을 적재함 뒤쪽에 실어서는 안 되는 이유는?

① 차량의 앞바퀴가 들려 조향이 마음대로 되지 않는다.
② 차량 엔진에 과부하를 주어 차의 수명을 단축시킨다.
③ 편중되어 실릴 경우 타이어의 마모가 급격하게 진행된다.
④ 제동 시 뒷바퀴가 먼저 제동되어 좌·우로 틀어진다.

해설 무거운 화물을 적재함 뒤쪽에 실으면 앞바퀴가 들리게 되어 조향이 마음대로 되지 않아 위험한 상황이 발생할 수 있다.
④는 무거운 화물을 적재함 앞쪽에 실으면 발생하는 경우이다.

실전문제 35

택배 표준약관과 의하면 고객이 운송장에 운송물의 가액을 기재하지 않은 경우 사업자의 손해배상한도액은 얼마인가?

① 10만 원
② 30만원
③ 50만 원
④ 100만 원

해설 고객이 운송장에 운송물의 가액을 기재하지 않은 경우 손해배상한도액은 50만 원으로 한다.

정답 31 ④ 32 ② 33 ③ 34 ① 35 ③

실전문제 36

컨베이어를 사용한 화물 이동 시 주의사항으로 옳은 것은?

① 작업 시에 컨베이어 운전자는 상호 간 신호를 해서는 안 된다.
② 컨베이어 위로는 절대 올라가서는 안 된다.
③ 컨베이어 주변의 장애물을 치우는 것은 컨베이어 작동 시에만 하여야 한다.
④ 상차용 컨베이어를 이용하여 타이어 등을 상차할 때는 타이어 등이 떨어지는 것을 확인한 후 작업위치를 이동해도 무관하다.

해설 컨베이어(conveyor) 위로 올라가는 것은 매우 위험한 행동이다.

실전문제 37

다음 설명하는 파렛트 화물의 붕괴 방지요령으로 옳은 것은?

> (가) : 포장과 포장 사이에 미끄럼을 멈추는 시트를 넣음으로써 안전을 도모하는 방법
> (나) : 플라스틱 필름을 파렛트 화물에 감아 움직이지 않게 하나 열처리를 행하지 않는 방법

	(가)	(나)
①	슬립 멈추기 시트삽입 방식	스트레치 방식
②	풀 붙이기 접착방식	스트레치 방식
③	수평 매드걸기 풀 붙이기 방식	슈링크 방식
④	슬립 멈추기 시트삽입 방식	슈링크 방식

해설 (가)는 슬립 멈추기 시트삽입 방식으로 부대화물에는 효과가 있으나 상자는 진동하면 튀어 오르기 쉽다는 문제가 있다.
(나)는 스트레치 방식으로 슈링크 방식과 달리 열처리는 행하지 않으나 통기성은 없고 비용이 많이 든다는 단점이 있다.

실전문제 38

다음 중 수작업 운반으로 가능한 경우는?

① 표준화되어 있어 지속적으로 운반량이 많은 작업
② 취급물품이 중량물인 작업
③ 단순하고 반복적인 분류 작업
④ 얼마동안 시간 간격을 두고 되풀이되는 소량 취급 작업

해설 ①~③은 기계작업 운반으로 가능한 작업이다.
수작업 운반 기준
- 두뇌작업이 필요한 작업(분류, 판독, 검사)
- 얼마동안 시간 간격을 두고 되풀이되는 소량 취급 작업
- 취급물품의 형상, 성질, 크기 등이 일정하지 않은 작업
- 취급물품이 경량물인 작업

실전문제 39

다음에 들어갈 숫자는?

> 이사화물 표준약관상 이사화물의 일부 멸실 또는 훼손에 대한 사업자의 손해배상책임은 고객이 이사화물을 인도받은 날로부터 ( ) 이내에 그 사실을 사업자에게 통지하지 아니하면 소멸된다.

① 7일 ② 15일
③ 30일 ④ 35일

해설 이사화물의 일부 멸실 또는 훼손에 대한 사업자의 손해배상책임은, 고객이 이사화물을 인도받은 날로부터 30일 이내에 그 일부 멸실 또는 훼손의 사실을 사업자에게 통지하지 아니하면 소멸한다.

정답 36 ② 37 ① 38 ④ 39 ③

실전문제 40

화물을 인계할 때 인수자 확인은 반드시 인수자가 직접 서명하도록 하는 것은 어떤 화물사고의 방지대책인가?

① 분실사고
② 파손사고
③ 내용물 오배송 사고
④ 지연배달사고

해설 화물을 인계할 때 인수자 확인은 반드시 인수자가 직접 서명하도록 하는 이유는 분실사고를 방지하기 위해서이다.

실전문제 41

길어깨가 넓을 경우 발생하는 상황으로 옳지 않은 것은?

① 차량의 이동공간이 넓다.
② 교통의 혼잡을 방지한다.
③ 안전성이 작다.
④ 시계가 넓다.

해설 길어깨가 넓으면 고장차량을 주행차로 밖으로 이동시킬 수 있기 때문에 안전성이 크다.

실전문제 42

입체공간 측정의 결함으로 인한 교통사고를 초래할 수 있는 것은?

① 야간의 시력저하
② 동체시력의 약화
③ 암순응에 필요한 시간 증가
④ 심시력의 결함

해설 심시력의 결함은 입체공간 측정의 결함으로 인한 교통사고를 초래할 수 있다.

실전문제 43

덤프 작동 불량 시 적절한 조치방법은?

① 연료탱크 내 수분 제거
② 워터 세퍼레이트 수분 제거
③ P.T.O 스위치 교환
④ 브레이크 드럼 교환

해설 ①, ②는 혹한기 주행 중 시동꺼짐, ④는 주행 제동 시 차량 쏠림에 대한 조치방법이다.

실전문제 44

다음 중 방어운전을 위하여 운전자가 갖추어야 할 기본사항을 모두 고른 것은?

| ㄱ. 세심한 관찰력 | ㄴ. 능숙한 운전 기술 |
| ㄷ. 교통상황 정보수집 | ㄹ. 반성의 자세 |

① ㄱ, ㄷ
② ㄴ, ㄷ
③ ㄴ, ㄷ, ㄹ
④ ㄱ, ㄴ, ㄷ, ㄹ

해설 방어운전의 기본사항에는 능숙한 운전 기술, 정확한 운전지식, 세심한 관찰력, 교통상황 정보수집, 반성의 자세, 무리한 운행 배제 등이 있다.

정답 40 ① 41 ③ 42 ④ 43 ③ 44 ④

실전문제 45

앞지르기할 때의 방어운전에 대한 설명으로 옳지 않은 것은?

① 다른 차에 피해를 주지 않기 위해 최대한 빠른 속도로 신속하게 앞지르기한다.
② 앞지르기가 허용된 지역에서만 앞지르기한다.
③ 마주 오는 차의 속도와 거리를 정확히 판단한 후 앞지르기한다.
④ 앞지르기 후 뒤차의 안전을 고려하여 진입한다.

해설 앞지르기는 꼭 필요한 경우에만 앞지르기하며 앞지르기에 적당한 속도로 주행한다.

실전문제 46

토인(Toe-in)의 역할로 옳지 않은 것은?

① 핸들 조작을 가볍게 한다.
② 캠버에 의해 토아웃 되는 것을 방지한다.
③ 타이어의 마모를 방지한다.
④ 주행 중 타이어가 바깥쪽으로 벌어지는 것을 방지한다.

해설 ①은 캠버(Camber)의 역할이다.

실전문제 47

작동유를 채운 실린더로서 스프링의 동작에 반응하여 피스톤이 위아래로 움직이며 운전자에게 전달되는 반동량을 줄여주는 것은?

① 코일 스프링
② 비틀림 막대 스프링
③ 충격흡수장치
④ 공기 스프링

해설 충격흡수장치는 노면에서 발생한 스프링의 진동을 흡수하고 승차감을 형성시키며 커브길이나 빗길에서 차가 미끄러지는 현상을 방지한다.

실전문제 48

다음 중 과다음주의 문제점으로 옳지 않은 것은?

① 과도한 음주는 강박신경증, 정신장애뿐만 아니라 반사회적 행동을 유발하기도 한다.
② 우울증과 자살도 음주와 밀접한 관련이 있다.
③ 보행자의 음주가 운전자의 음주보다 더욱 위험하여 음주보행이 치명적인 교통사고로 연결되는 경우가 많다.
④ 과다음주는 신체의 거의 모든 부분에 영향을 미친다.

해설 운전자의 음주운전은 보행자의 음주보행보다 더욱 위험하여 치명적인 교통사고로 연결되는 경우가 많다.

실전문제 49

교통사고의 중간적 요인에 해당하지 않는 것은?

① 운전자의 지능
② 음주 및 과로
③ 불량한 운전태도
④ 무리한 운행계획

해설 ④는 간접적 요인에 해당한다.

정답 45 ① 46 ① 47 ③ 48 ③ 49 ④

실전문제 50

전방에 있는 대상물까지의 거리를 목측하는 기능은 무엇인가?

① 시야
② 동체시력
③ 야간시력
④ 심시력

해설 전방에 있는 대상물까지의 거리를 목측하는 것을 심경각이라고 하며, 그 기능을 심시력이라고 한다. 심시력의 결함은 입체공간 측정의 결함으로 인한 교통사고를 초래할 수 있다.

실전문제 51

동체시력의 특성으로 옳지 않은 것은?

① 동체시력은 장시간 운전에 의한 피로상태에서도 저하된다.
② 동체시력은 고령층보다 청장년층에서 더욱 저하된다.
③ 동체시력은 물체의 이동속도가 빠를수록 저하된다.
④ 동체시력이 저하되면 주변 상황의 인지능력이 낮아진다.

해설 동체시력은 연령이 높을수록 더욱 저하된다.

실전문제 52

고령 보행자가 주의해야 하는 안전수칙으로 가장 거리가 먼 것은?

① 안전한 횡단보도를 찾아 멈춘다.
② 횡단보도를 건널 때 주변인의 보행속도에 맞추어 건넌다.
③ 생활 도로를 이용할 때 길 가장자리를 이용하여 안전하게 이동해야 한다.
④ 야간 이동 시에는 밝은 색 옷을 입어야 한다.

해설 횡단보도를 건널 때 주변인의 보행속도에 맞추어 무리하게 건너지 말고 능력에 맞게 건너면서 손을 들어 자동차에 양보신호를 보낸다.

실전문제 53

포장된 도로에서 타이어 수명이 100%라면 비포장도로에서의 수명은 몇 %에 해당되는가?

① 60%
② 90%
③ 30%
④ 80%

해설 포장된 도로에서 타이어 수명이 100%라면 비포장도로에서의 수명은 60%에 해당된다.

실전문제 54

액체를 사용하는 계통에서 열에 의하여 액체가 증기로 되어 어떤 부분에 갇혀 계통의 기능이 상실되는 현상은?

① 수막현상(Hydroplaning)
② 스탠딩 웨이브(Standing wave) 현상
③ 베이퍼 록(Vapour lock) 현상
④ 페이드(Fade) 현상

해설 베이퍼 록 현상은 유압식 브레이크의 휠 실린더나 브레이크 파이프 속에서 브레이크액이 기화하여 페달을 밟아도 스펀지를 밟는 것 같고 유압이 전달되지 않아 브레이크가 작용하지 않는 현상이다.

정답 50 ④ 51 ② 52 ② 53 ① 54 ③

실전문제 55

다음 중 차체가 Z축 방향과 평행 운동을 하는 고유 진동은?

① 바운싱(Bouncing)
② 피칭(Pitching)
③ 롤링(Rolling)
④ 요잉(Yawing)

 바운싱은 현가장치와 관련된 자동차의 진동 현상 종류 중 하나로 상하 진동이라고도 한다.

실전문제 56

고압가스 충전용기를 운반하는 때에는 차량의 앞뒤 보기 쉬운 곳에 어떤 색의 글씨로 "위험 고압가스"라는 경계 표시를 해야 하는가?

① 노란색
② 흰색
③ 녹색
④ 붉은색

 충전용기를 차량에 적재하여 운반하는 때에는 당해 차량의 앞뒤 보기 쉬운 곳에 각각 붉은 글씨로 "위험 고압가스"라는 경계 표시를 해야 한다.

실전문제 57

차량 운행 전 엔진 관련 이상 유무를 점검할 때 가장 거리가 먼 것은?

① 냉각 수량의 적정 유무
② 접속부의 조임과 헐거움의 정도
③ 기름량의 적정 유무 기름양
④ 팬벨트의 당김 상태 및 손상의 유무

 ②는 동력전달장치 부분 관련 점검 내용이다.

실전문제 58

다음 중 봄철에 준수해야 하는 안전운행 방법과 거리가 먼 것은?

① 비타민의 결핍으로 인해 무기력해지는 춘곤증을 주의해야 한다.
② 신학기를 맞아 학생들의 보행 인구가 늘어나므로 주변 교통 상황에 대해 집중력을 갖고 안전 운행한다.
③ 얼어있던 땅이 녹아 지반 붕괴로 인해 도로의 균열이 발생할 수 있으므로 시선을 가까이 두어 근접 운행을 하여야 한다.
④ 포근하고 화창한 날씨로 인해 보행자와 운전자 모두 집중력이 떨어지므로 주의하여야 한다.

 도로의 지반 붕괴와 균열로 인하여 도로 노면 상태가 1년 중 가장 불안정하다. 따라서 운전자는 시선을 멀리 두어 노면 상태 파악에 신경을 써야 한다.

실전문제 59

차량의 탱크에 가스를 주입하는 이입작업 시 안전관리자가 준수해야 하는 사항으로 옳은 것은?

① 차를 정차시키고 사이드브레이크를 건 다음 엔진을 켜고 작업한다.
② 차량에 고정된 탱크의 운전자는 이입작업 시 긴급차단장치에 가까이 다가가서는 아니 된다.
③ 만일의 화재에 대비하여 소화기를 즉시 사용할 수 있도록 해야 한다.
④ 가스누설을 발견 할 경우에는 즉시 그 자리에서 벗어난다.

 ① 차를 소정의 위치에 정차시키고 사이드브레이크를 확실히 건 다음, 엔진을 끄고 작업한다.
② 차량에 고정된 탱크 운전자는 이입작업이 종료될 때까지 긴급차단장치 부근에 위치하여야 한다.
④ 가스누설을 발견할 경우에는 긴급차단장치를 작동시키는 등의 신속한 누출방지조치를 해야 한다.

정답 55 ① 56 ④ 57 ② 58 ③ 59 ③

실전문제 60

어린이의 일반적 특성과 관련하여 아동 발달과 행동 능력과의 관계에 대한 설명으로 옳지 않은 것은?

① 감각적 운동단계 : 자신과 외부 세계를 구별하는 능력이 매우 미약하다.
② 전 조작 단계 : 고지식하고 자기중심적이어서 한 가지 사물에만 집착한다.
③ 구체적 조작단계 : 추상적 사고의 폭이 넓어지고 개념의 발달과 사용이 증가한다.
④ 형식적 조작단계 : 7세에서 12세 사이가 이에 해당하며 논리적 사고가 발달한다.

해설 형식적 조작단계는 대개 초등학교 6학년 이상이다.

실전문제 61

차로의 설치, 비포장의 경우에는 노면의 균일성 유지 등으로 자동차 기타 운송수단의 통행에 용이한 형태를 갖춰야 하는 도로의 요인은?

① 형태성
② 교통경찰권
③ 이용성
④ 공개성

해설 도로요인은 도로구조, 안전시설 등에 관한 것으로 여기서 도로구조는 도로의 선형, 노면 등에 관한 내용이다. 노면의 균일성으로 통행에 용이한 형태를 갖추는 것은 형태성이다.

실전문제 62

커브길에서의 핸들조작 요령 두 가지는 무엇인가?

① 슬로우 아웃, 패스트 인
② 슬로우 인, 패스트 인
③ 슬로우 아웃, 패스트 아웃
④ 슬로우 인, 패스트 아웃

해설 커브길에서의 핸들조작은 슬로우 인, 패스트 아웃 원리에 입각한다.

실전문제 63

겨울철 차량 출발 시 운전자가 주의해야 하는 사항으로 가장 거리가 먼 것은?

① 눈이 쌓인 오르막길에서는 주차 브레이크를 절반쯤 당겨 출발한다.
② 승용차의 경우 미끄러운 길에서는 기어를 2단에 넣고 반클러치를 사용한다.
③ 노면이 미끄러운 곳에서 차가 출발하지 못하고 바퀴가 헛돌기만 할 때는 속도를 순간적으로 높여야 한다.
④ 도로가 미끄러울 때는 갑작스런 동작보다 부드럽고 천천히 출발하여야 한다.

해설 노면이 미끄러운 곳에서 출발할 때는 차가 나가지 못하고 바퀴가 헛돌기만 하는데 이때에는 출발 방법을 달리해야 한다.

실전문제 64

제2종 운전면허에 필요한 시력은 두 눈을 동시에 뜨고 잰 시력이 얼마 이상이어야 하는가? (단, 두 눈을 볼 수 있는 사람이다)

① 0.5
② 0.6
③ 0.8
④ 0.9

해설 제2종 운전면허에 필요한 시력은 두 눈을 동시에 뜨고 잰 시력이 0.5 이상이어야 하며 다만, 한쪽 눈을 보지 못하는 사람은 다른 쪽 눈의 시력이 0.6 이상이어야 한다.

정답 60 ④ 61 ① 62 ④ 63 ③ 64 ①

실전문제 65

정지시력이 1.2인 사람이 시속 50km로 운전하면서 고정된 대상물을 볼 때의 시력은 얼마 이하로 떨어지는가?

① 1.0
② 0.9
③ 0.8
④ 0.7

해설 정지시력이 1.2인 사람이 시속 50km로 운전하면서 고정된 대상물을 볼 때의 시력은 0.7 이하로 떨어진다.

실전문제 66

다음 중 고객서비스의 특징으로 옳지 않은 것은?

① 무형성
② 동시성
③ 편의성
④ 이질성

해설
① 무형성 : 서비스는 형태가 없다.
② 동시성 : 공급자에 의해 제공됨과 동시에 고객에 의해 소비된다.
④ 이질성 : 사람에 의해 생산되므로 품질의 차이가 발생하기 쉽다.

실전문제 67

물품을 하역하는 작업에서 주로 사용되는 장비가 아닌 것은?

① 크레인
② 레커차
③ 지게차
④ 컨베이어

해설 하역작업의 대표적인 방식은 컨테이너(container)화와 파렛트(pallet)화이며, 컨테이너 화물과 파렛트 화물은 크레인, 지게차, 컨베이어 등의 기계를 사용하여 하역한다.
② 레커차 : 고장이나 불법으로 정차하고 있는 자동차를 달아 올려서 수리 공장이나 적법한 장소로 옮기는 견인차

실전문제 68

다음 중 물류의 기본 원칙인 7R로 옳은 것은?

ㄱ. Right Quality
ㄴ. Right Plan
ㄷ. Right Place
ㄹ. Right Chance
ㅁ. Right Qualification

① ㄱ, ㄷ
② ㄴ, ㅁ
③ ㄱ, ㄷ, ㅁ
④ ㄴ, ㄷ, ㄹ

해설 물류관리의 기본 원칙(7R)
- Right Quality(적절한 품질)
- Right Quantity(적절한 양)
- Right Time(적절한 시간)
- Right Place(적절한 장소)
- Right Impression(적절한 인상)
- Right Price(적절한 가격)
- Right Commodity(적절한 상품)

정답 65 ④ 66 ③ 67 ② 68 ①

실전문제 69

다음은 수·배송활동 3가지 단계 중 어디에 해당하는가?

> 운임계산, 자동차적재효율 분석, 자동차가동률 분석, 반품운임 분석, 사고 분석 등

① 판매
② 계획
③ 실시
④ 통제

해설 ② 계획 : 수송수단 선정, 수송경로 선정, 배송지역 결정 등
③ 실시 : 배차 수배, 화물적재 지시, 화물의 추적 파악 등

실전문제 70

다음 중 국내 화주기업 물류의 문제점으로 옳지 않은 것은?

① 각 업체의 독자적 물류기능 미보유
② 제3자 물류 기능의 약화
③ 시설·업체 간 표준화 미약
④ 제조·물류 업체 간 협조성 미비

해설 **국내 화주기업 물류의 문제점**
- 각 업자의 독자적 물류기능 보유
- 제3자 물류 기능의 약화
- 시설·업체 간 표준화 미약
- 제조·물류 업체 간 협조성 미비
- 물류 전문업체의 물류 인프라 활동 미약

실전문제 71

교통사고 발생 시 조치 사항으로 옳지 않은 것은?

① 사고발생 경위를 육하원칙에 의거 거짓 없이 정확하게 회사에 즉시 보고한다.
② 사고로 인한 행정, 형사처분 접수 시 임의처리로 진행 후 회사에 추후 보고한다.
③ 교통사고 발생 시 현장에서의 인명구호 및 관할경찰서에 신고 등의 의무를 성실히 수행한다.
④ 회사손실과 직결되는 보상 업무는 일반적으로 수행이 불가능하므로 회사의 조치에 따른다.

해설 사고로 인한 행정, 형사처분 접수 시 임의처리 불가하며 회사의 지시에 따라 처리해야 한다.

실전문제 72

물류 아웃소싱과 제3자 물류 단계에 대한 비교로 옳지 않은 것은?

	구분	물류 아웃소싱	제3자 물류
①	도입방법	수의계약	경쟁계약
②	서비스 범위	기능별 개별서비스	통합물류서비스
③	도입결정권한	최고경영층	중간관리자
④	정보공유여부	필요	불필요

해설 도입결정권한에 있어 물류 아웃소싱은 중간관리자, 제3자 물류는 최고경영층에 있다.

정답 69 ④ 70 ① 71 ② 72 ③

실전문제 73

다음에서 설명하는 용어는?

> 현상적인 시각에서의 재화의 이동

① 운송 ② 교통
③ 운반 ④ 배송

① 운송 : 서비스 공급측면에서의 재화의 이동
③ 운반 : 한정된 공간과 범위 내에서의 재화의 이동
④ 배송 : 상품을 고객이 지정하는 수하인에게 발송 및 배달하는 것

실전문제 74

수 · 배송 활동의 단계 중 실시에 해당하는 물류정보처리 기능은?

① 배차 수배, 배송지시, 화물의 추적 파악
② 수송경로 선정, 반송화물 정보관리, 사고분석
③ 운임계산, 자동차적재효율 분석, 오송 분석
④ 배송지역 결정, 반송화물 정보관리, 수송수단 선정

실시 단계에서의 물류정보처리 기능
- 배차 수배
- 화물적재 지시
- 배송지시
- 발송정보 착하지에의 연락
- 반송화물 정보관리
- 화물의 추적 파악 등

실전문제 75

GPS의 활용범위에 대한 설명으로 거리가 먼 것은?

① 대도시 교통혼잡 시 도로사정 파악
② 토지조성공사 시 작업자가 리얼타임으로 신속대응
③ 각종 자연재해로부터 사전대비를 통한 재해 회피
④ 화물추적기능 활용으로 표준운행시간 작성에 도움

④는 주파수 공용통신(TRS)의 도입 효과에 대한 설명이다.
주파수 공용통신(TRS)
중계국에 할당된 여러 개의 채널을 공동으로 사용하는 무전기시스템으로서 이동차량이나 선박 등 운송수단에 탑재하여 이동 간의 정보를 실시간으로 송·수신할 수 있다.

실전문제 76

택배화물의 배달방법에 대한 내용으로 옳지 않은 것은?

① 배달 순서를 계획하고 순서에 입각하여 배달표를 정리한다.
② 개인고객에게 모두 전화를 하고 배달해야 한다.
③ 수하인이 부재중인 경우 외에는 대리 인계를 절대로 해서는 안 된다.
④ 약속시간을 지키지 못할 경우에는 재차 전화하여 예정시간을 정정한다.

개인고객인 경우 100% 전화를 하고 배달할 의무는 없다.

정답 73 ② 74 ① 75 ④ 76 ②

실전문제 77

자가용 트럭운송의 단점으로 옳은 것은?

① 설비투자가 필요하다.
② 기동성이 부족하다.
③ 운임의 안정화가 곤란하다.
④ 인터페이스가 약하다.

해설 ②~④는 사업용(영업용) 트럭운송의 단점이다.
자가용 트럭운송의 단점
- 수송량의 변동에 대응하기 어렵다.
- 비용의 고정비화
- 설비투자가 필요하다.
- 인적 투자가 필요하다.
- 수송능력에 한계가 있다.
- 사용하는 차종, 차량에 한계가 있다.

실전문제 78

다음 중 운송합리화 방안과 관계가 먼 것은?

① 최단 운송경로의 개발
② 공차율 향상을 위한 실차율 최소화
③ 물류기기의 개선과 정보시스템의 정비
④ 적기 운송과 운송비 부담의 완화

해설 화물을 싣지 않은 공차상태로 운행함으로써 발생하는 비효율을 줄이기 위해 주도면밀한 운송계획을 수립한다. 즉 실차율 향상을 위해 공차율을 최소화시킨다.

실전문제 79

제3자 물류의 발전동향에 대한 설명으로 옳지 않은 것은?

① 공급자와 수용자 양 측면 모두 제3자 물류가 활성화될 수 있는 기본적인 여건을 형성하고 있는 중이다.
② 단순 운송·보관서비스에서 차별화된 저가격·고품질 물류서비스가 크게 확산될 전망이다.
③ 공급자 측면에서는 신규 물류업체와 외국 물류기업의 시장 참여가 늘어남에 따라 물류시장의 경쟁구조가 한층 더 심화되고 있다.
④ 수요자 측면에서는 물류전문업체와의 전략적 제휴·협력을 통해 물류효율화를 추진하고자 하는 화주기업이 줄어들고 있다.

해설 수요자 측면에서는 물류전문업체와의 전략적 제휴·협력을 통해 물류효율화를 추진하고자 하는 화주기업이 증가하고 있다.

실전문제 80

제4자 물류에 대한 설명으로 옳은 것은?

① 주로 물류자회사에 의해 처리한다.
② 전체적인 공급망에 영향을 주는 능력을 통하여 가치를 증식한다.
③ 화주기업이 직접 물류활동을 처리하는 자사물류이다.
④ 화주기업이 물류비 절감 등 물류활동을 효율화할 수 있도록 공급망상의 기능을 대행한다.

해설
① 제2자 물류
③ 제1자 물류
④ 제3자 물류

정답 77 ① 78 ② 79 ④ 80 ②

04 실전모의고사 4회

실전문제 01

다음 중 자동차관리법에 따른 자동차가 아닌 것은?

① 화물자동차
② 특수자동차
③ 이륜자동차
④ 원동기장치자전거

 자동차관리법에 따른 자동차는 승용자동차, 승합자동차, 화물자동차, 특수자동차, 이륜자동차 등이 있다. 이때 원동기장치자전거는 제외된다.

실전문제 02

다음 중 규제표지에 해당하지 않는 것은?

① 서행표지
② 양보표지
③ 일시정지표지
④ 터널표지

 규제표지는 도로교통의 안전을 위하여 각종 제한·금지 등의 규제를 하는 경우 이를 도로 사용자에게 알리는 표지이다. 터널표지는 규제표지가 아닌 주의표지에 해당한다.

실전문제 03

다음 중 노면표시의 기본색상에 대한 설명으로 틀린 것은?

① 백색은 동일방향의 교통류 분리 및 경계 표시이다.
② 황색은 반대방향의 교통류 분리 또는 도로이용의 제한 및 지시 표시이다.
③ 녹색은 어린이보호구역 또는 주거지역 안에 설치하는 속도제한표시의 테두리선 및 소방시설 주변 정차·주차금지표시에 사용된다.
④ 청색은 지정방향의 교통류 분리 표시(버스전용차로표시 및 다인승차량 전용차선표시)이다.

 ③은 녹색이 아닌 적색 노면표시에 대한 설명이다. 노면표시의 기본색상에 녹색은 사용되지 않는다.

실전문제 04

운전자가 도로의 중앙이나 좌측 부분을 통행할 수 있는 경우가 아닌 것은?

① 도로가 일방통행인 경우
② 안전표지 등으로 앞지르기가 금지되어 있는 경우
③ 도로공사 등으로 도로의 우측 부분을 통행할 수 없는 경우
④ 도로 우측 부분의 폭이 차마의 통행에 충분하지 않은 경우

 도로 우측 부분의 폭이 6미터가 되지 않는 도로에서 다른 차를 앞지르려는 경우 도로의 중앙이나 좌측 부분을 통행할 수 있다. 그러나 도로의 좌측 부분을 확인할 수 없거나 반대 방향의 교통을 방해할 우려가 있는 경우, 안전표지 등으로 앞지르기를 금지하거나 제한하고 있는 경우에는 통행할 수 없다.

실전문제 05

도로에 눈이 15mm 쌓여 있는 경우 운행속도는?

① 최고속도의 10/100을 줄인 속도
② 최고속도의 20/100을 줄인 속도
③ 최고속도의 50/100을 줄인 속도
④ 최고속도의 60/100을 줄인 속도

비가 내려 노면이 젖어있는 경우 혹은 눈이 20mm 미만 쌓인 경우 최고속도의 20/100을 줄인 속도로 운행하여야 한다.

정답 01 ④ 02 ④ 03 ③ 04 ② 05 ②

실전문제 06

다음 중 제2종 보통면허로 운전할 수 없는 차는?

① 적재중량 5톤의 화물자동차
② 원동기장치자전거
③ 총중량 3톤의 특수자동차
④ 승차정원 9인의 승합자동차

 제2종 보통면허로 운전할 수 있는 차의 종류(도로교통법 시행규칙 별표 18)
- 승용자동차
- 승차정원 10인 이하의 승합자동차
- 적재중량 4톤 이하 화물자동차
- 총중량 3.5톤 이하의 특수자동차
- 원동기장치자전거

실전문제 07

음주운전 또는 경찰공무원의 음주측정을 2회 이상 위반(무면허운전 금지 등 위반 포함)한 경우 운전면허가 취소된 날로부터 얼마 동안 운전면허의 취득이 금지되는가?

① 6개월
② 1년
③ 2년
④ 3년

 음주운전 또는 경찰공무원의 음주측정을 2회 이상 위반(무면허운전 금지 등 위반 포함)한 경우 운전면허가 취소된 날부터 2년이 지나기 전까지 운전면허를 받을 수 없다.

실전문제 08

정차 · 주차위반에 대한 조치에 불응하는 경우 부과되는 벌점은?

① 10점
② 15점
③ 30점
④ 40점

 정차 · 주차위반에 대한 조치 불응 시 40점의 벌점이 부과된다.

실전문제 09

다음 중 교통사고처리특례법 적용 배제 사유가 아닌 것은?

① 중앙선 침범 사고
② 약물복용운전 사고
③ 끼어들기 금지 위반 사고
④ 속도위반(15km/h 초과) 과속 사고

특례의 배제
- 신호 · 지시 위반 사고
- 중앙선 침범, 고속도로나 자동차전용도로에서의 횡단 · 유턴 또는 후진 위반 사고
- 속도위반(20km/h 초과) 과속 사고
- 앞지르기의 방법 · 금지시기 · 금지장소 또는 끼어들기 금지 위반 사고
- 철길 건널목 통과방법 위반 사고
- 보행자보호의무 위반 사고
- 무면허운전사고
- 주취운전 · 약물복용운전 사고
- 보도 침범 · 보도횡단방법 위반 사고
- 승객추락방지의무 위반 사고
- 어린이 보호구역 내 안전운전의무 위반으로 어린이의 신체를 상해에 이르게 한 사고
- 자동차의 화물이 떨어지지 아니하도록 필요한 조치를 하지 아니하고 운전한 경우

정답 06 ① 07 ③ 08 ④ 09 ④

실전문제 10

다음 중 앞지르기 위반 행위가 아닌 것은?

① 병진 시 앞지르기
② 앞차의 좌회전 시 앞지르기
③ 좌측 앞지르기
④ 실선의 중앙선 침범 앞지르기

해설 우측 앞지르기, 2개 차로 사이로 앞지르기 등은 앞지르기 방법 위반 행위에 해당한다. 좌측 앞지르기는 정상적인 앞지르기 방법이다.

실전문제 11

화물자동차 운수사업법령에서 규정하는 밴형 화물자동차의 요건으로 옳은 것은?

① 물품적재장치의 바닥면적이 승차장치의 바닥면적보다 좁을 것
② 피견인차의 견인을 전용으로 하는 구조인 것
③ 승차 정원이 3명 이하일 것
④ 고장·사고 등으로 운행이 곤란한 자동차를 구난·견인할 수 있는 구조인 것

해설 화물자동차 운수사업법 시행규칙 제3조에 따르면 화물자동차의 종류 중 밴형 화물자동차는 물품적재장치의 바닥면적이 승차장치의 바닥면적보다 넓어야 하고, 승차 정원이 3명 이하여야 한다.

실전문제 12

화물자동차 운송사업을 경영하려는 자는 누구에게 허가를 받아야 하는가?

① 관할 구청장
② 국토교통부장관
③ 시·도지사
④ 기획재정부장관

해설 화물자동차 운수사업법 제3조에 따르면 화물자동차 운송사업을 경영하려는 자는 국토교통부장관의 허가를 받아야 한다.

실전문제 13

다음 중 운임과 요금을 신고하여야 하는 운송사업자가 아닌 것은?

① 덤프형 화물자동차를 사용하여 화물을 운송하는 운송가맹사업자
② 구난형 특수자동차를 사용하여 사고차량 등을 운송하는 운송사업자
③ 밴형 화물자동차를 사용하여 화주와 화물을 함께 운송하는 운송가맹사업자
④ 견인형 특수자동차를 사용하여 컨테이너를 운송하는 운송사업자

해설 **운임과 요금을 신고해야 하는 운송사업자의 범위**
- 구난형 특수자동차를 사용하여 고장차량·사고차량 등을 운송하는 운송사업자 또는 운송가맹사업자(화물자동차를 직접 소유한 운송가맹사업자만 해당)
- 견인형 특수자동차를 사용하여 컨테이너를 운송하는 운송사업자 또는 운송가맹사업자(화물자동차를 직접 소유한 운송가맹사업자만 해당)
- 밴형 화물자동차를 사용하여 화주와 화물을 함께 운송하는 운송사업자 및 운송가맹사업자

실전문제 14

화물자동차 운송가맹사업자가 적재물배상 책임보험 또는 공제에 가입하지 않은 기간이 12일인 경우 부과되는 과태료는?

① 25만 원
② 25만 5천 원
③ 26만 원
④ 26만 5천 원

해설 화물자동차 운송가맹사업자가 적재물배상 책임보험 또는 공제에 가입하지 않은 경우 그 기간이 10일을 초과하였다면 15만 원에 11일째부터 기산하여 1일당 5만 원을 가산한 금액을 부과한다. 따라서 미가입 기간이 12일인 경우 15만 원+(5만 원×2일)=25만 원을 과태료로 부과한다.

정답 10 ③ 11 ③ 12 ② 13 ① 14 ①

실전문제 15

과거 1년간 도로교통법 시행규칙에 따른 운전면허행정처분기준에 따라 산출된 누산점수가 81점 이상인 사람이 받아야 하는 운전적성정밀검사는?

① 유지검사
② 추가검사
③ 특별검사
④ 갱신검사

해설 교통사고를 일으켜 사람을 사망하게 하거나 5주 이상의 치료가 필요한 상해를 입힌 사람, 과거 1년간 도로교통법 시행규칙에 따른 운전면허 행정처분기준에 따라 산출된 누산점수가 81점 이상인 사람은 특별검사를 받아야 한다.

실전문제 16

다음 중 화물자동차 운수사업의 운전업무 종사자격 결격사유가 아닌 것은?

① 피성년후견인 또는 피한정후견인인 자
② 화물자동차 운수사업법을 위반하여 징역 이상의 실형을 선고받고 그 집행이 끝난 날로부터 3년이 지나지 않은 자
③ 화물운송종사자격이 취소된 날부터 2년이 지나지 아니한 자
④ 화물자동차 운수사업법을 위반하여 징역 이상의 형의 집행유예를 선고받고 그 유예기간 중에 있는 자

해설 화물자동차 운수사업법을 위반하여 징역 이상의 실형을 선고받고 그 집행이 끝난 날로부터 2년이 지나지 않은 자이다.

실전문제 17

다음 중 화물자동차 운수사업법령에서 정한 협회의 사업에 해당하는 것은?

① 화물자동차 운수사업의 경영개선을 위한 지도
② 조합원의 사업용 자동차의 사고로 생긴 배상 책임 및 적재물배상에 대한 공제
③ 공제조합에 고용된 자의 업무상 재해로 인한 손실을 보상하기 위한 공제
④ 화물자동차 운수사업의 경영 개선을 위한 조사·연구 사업

해설 ②~④는 공제조합사업에 해당한다.
협회의 사업(법 제49조)
- 화물자동차 운수사업의 건전한 발전과 운수사업자의 공동이익을 도모하는 사업
- 화물자동차 운수사업의 진흥 및 발전에 필요한 통계의 작성 및 관리, 외국 자료의 수집·조사 및 연구사업
- 경영자와 운수종사자의 교육훈련
- 화물자동차 운수사업의 경영개선을 위한 지도
- 이 법에서 협회의 업무로 정한 사항
- 국가나 지방자치단체로부터 위탁받은 업무
- 상기 사업에 따르는 업무

실전문제 18

화물자동차 운전자에게 운행기록계가 설치된 운송사업용 화물자동차를 해당 장치 또는 기기가 정상적으로 작동되지 않는 상태에서 운행하도록 한 경우 부과되는 과징금으로 틀린 것은?

① 일반화물자동차 운송사업 : 20만 원
② 용달화물자동차 운송사업 : 10만 원
③ 개별화물자동차 운송사업 : 10만 원
④ 화물자동차 운송가맹사업 : 15만 원

해설 운행기록계가 설치된 운송사업용 화물자동차를 해당 장치 또는 기기가 정상적으로 작동되지 않는 상태에서 운행하도록 한 경우 화물자동차 운송가맹사업은 20만 원의 과징금이 부과된다.

정답 15 ③ 16 ② 17 ① 18 ④

실전문제 19

제작연도에 등록된 자동차의 차령기산일로 옳은 것은?

① 제작연도의 말일
② 최초의 신규등록일
③ 제작일
④ 제작연도의 초일

 제작연도에 등록된 자동차는 최초의 신규등록일을, 제작연도에 등록되지 아니한 자동차는 제작연도의 말일을 차령기산일로 한다(자동차관리법 시행령 제3조).

실전문제 20

자동차 등록에 대한 설명으로 옳지 않은 것은?

① 자동차의 변경등록신청을 신청기간만료일부터 90일 이내 하지 않은 경우 과태료 2만 원을 부과한다.
② 임시운행허가를 받은 경우에 자동차등록원부에 등록하기 전에도 운행할 수 있다.
③ 자동차를 양수한 자가 다시 제3자에게 양도하려는 경우에는 양도 전에 자기 명의로 이전등록을 하여야 한다.
④ 변경등록 신청 시 자동차등록증, 자동차등록번호판 및 봉인을 반납하여야 한다.

 변경등록이 아닌 말소등록 신청 시 자동차등록증, 자동차등록번호판 및 봉인을 반납하여야 한다.

실전문제 21

자동차관리법령에 따른 정기검사 미시행에 따라 정기검사기간의 만료일부터 30일 이내인 경우 과태료는 얼마인가?

① 10만 원
② 5만 원
③ 3만 원
④ 2만 원

 정기검사를 받아야 하는 기간의 만료일부터 30일 이내인 경우 과태료는 2만 원, 정기검사를 받아야 하는 기간의 만료일부터 30일을 초과한 경우 3일 초과 시마다 과태료 1만 원이 추가되며, 최고 한도금액은 30만 원이다.

실전문제 22

도로법 제10조에 따른 도로에 해당하지 않는 것은?

① 고속국도의 지선을 제외한 고속국도
② 일반국도의 지선을 포함한 일반국도
③ 특별시도 · 광역시도
④ 지방도

도로법 제10조의 도로
- 고속국도(고속국도의 지선포함)
- 일반국도(일반국도의 지선포함)
- 특별시도 · 광역시도
- 지방도
- 시도 · 군도 · 구도

실전문제 23

특별시장 · 시장 · 군수가 관할 지역의 대기질 개선을 위해 해당 지역에서 운행하는 일정 조건을 갖춘 자동차의 소유자에게 조치하도록 명령하거나 조기에 폐차할 것을 권고할 수 있는 사항으로 옳지 않은 것은?

① 저공해자동차로의 전환
② 배출가스저감장치의 부착
③ 혼소엔진을 제외한 저공해엔진으로의 개조
④ 배출가스 관련 부품의 교체

 혼소엔진을 포함한 저공해엔진으로의 개조 또는 교체이다.

정답 19 ② 20 ④ 21 ④ 22 ① 23 ③

실전문제 24

자동차에서 배출되는 대기오염물질을 줄이기 위한 엔진으로서 환경부령으로 정하는 배출허용기준에 맞는 장치는?

① 저공해엔진
② 공회전제한장치
③ 배출가스저감장치
④ 친환경자동차

 ② 공회전제한장치 : 자동차에서 배출되는 대기오염물질을 줄이고 연료를 절약하기 위하여 자동차에 부착하는 장치로서 환경부령으로 정하는 기준에 적합한 장치
③ 배출가스저감장치 : 자동차에서 배출되는 대기오염물질을 줄이기 위하여 자동차에 부착 또는 교체하는 장치로서 환경부령으로 정하는 저감효율에 적합한 장치
④ 친환경자동차 : 오염물질의 배출을 줄이고 에너지를 절약할 수 있는 자동차

실전문제 25

자동차관리법의 목적에 해당하지 않는 것은?

① 자동차의 효율적인 관리
② 차량 소음발생 감소
③ 자동차의 성능 확보
④ 공공의 복리 증진

 자동차관리법은 자동차의 등록, 안전기준, 자기인증, 제작결함 시정, 점검, 정비, 검사 및 자동차관리사업 등에 관한 사항을 정하여 자동차를 효율적으로 관리하고 자동차의 성능 및 안전을 확보함으로써 공공의 복리를 증진함을 목적으로 한다(자동차관리법 제1조).

실전문제 26

고가품을 배송의뢰한 고객의 운송장 기재 시 유의사항에 대한 설명으로 옳지 않은 것은?

① 고가품목 배송에 대한 할증료를 청구한다.
② 박스를 개봉하여 고가품목의 내용물을 철저히 확인한다.
③ 고가품목의 물품가격을 정확히 확인하여 기재한다.
④ 할증료를 거절한 경우에는 특약사항을 설명하고 보상한도에 대해 서명을 받는다.

 휴대폰 및 노트북 등 고가품은 내용물이 파악되지 않도록 별도의 박스로 이중포장한다.

실전문제 27

동일 수하인에게 다수의 화물이 배달될 때 운송장 비용을 절약하기 위해 사용하는 운송장은?

① 기본형 운송장
② 스티커형 운송장
③ 보조 운송장
④ 바코드 절취형 스티커 운송장

 ① 기본형 운송장 : 기본적으로 운송회사에서 사용하고 있는 운송장
② 스티커형 운송장 : 운송장 제작비와 전산 입력비용을 절약하기 위해 기업고객과 완벽한 EDI시스템이 구축될 수 있는 경우에 사용하는 운송장
④ 바코드 절취형 스티커 운송장 : 스티커에 부착된 바코드만 절취하여 별도의 화물배달표에 부착하여 배달확인을 받는 운송장

실전문제 28

이사화물의 인도 과정에서 고객이 이사화물의 일부 멸실 또는 훼손의 사실을 며칠 이내에 사업자에 통지하여야 손해배상책임을 물을 수 있는가?

① 7일
② 14일
③ 30일
④ 45일

이사화물의 일부 멸실 또는 훼손에 대한 사업자의 손해배상책임은 고객이 이사화물을 인도받은 날로부터 30일 이내에 그 일부 멸실 또는 훼손의 사실을 사업자에게 통지하지 않으면 소멸한다.

정답 24 ① 25 ② 26 ② 27 ③ 28 ③

실전문제 29

일반 화물의 취급 표지 중 굴림 방지를 의미하는 표지는?

①
②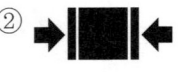
③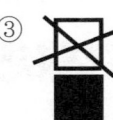
④

① 무게 중심 위치
② 조임쇠 취급 표시
③ 적재 금지

실전문제 30

오배달 또는 지연배달 사고의 원인이 아닌 것은?

① 제3자에게 전달한 후 원래 수령인에게 받은 사람은 미통지한 경우
② 수령인의 신분 확인 없이 화물을 인계한 경우
③ 화물터미널에서의 화물의 체계적인 분류
④ 사전에 배송연락 미실시로 제3자가 수취한 후 전달이 늦어지는 경우

화물터미널에서 화물을 체계적으로 분류하면 오배달 또는 지연배달 사고를 방지할 수 있다.

실전문제 31

화물의 인수요령으로 옳지 않은 것은?

① 인수(집하) 예약은 운송장에 기재한다.
② 0월 0일 0시까지 배달 등 조건부 운송물품 인수를 금지한다.
③ 전화로 발송할 물품을 접수받을 때 반드시 집하 가능한 일자와 고객의 배송 요구일자를 확인한다.
④ 차량이 직접 들어갈 수 없는 지역은 소비자의 양해를 얻어 운임 및 도선료를 선불로 처리한다.

인수(집하) 예약은 접수대장에 기재하여 누락되는 일이 없도록 해야 한다.

실전문제 32

바닥으로부터의 높이가 2미터 이상 되는 화물더미와 인접 화물더미 사이의 간격은 화물더미의 밑부분을 기준으로 얼마 이상이어야 하는가?

① 5cm
② 10cm
③ 15cn
④ 20cm

바닥으로부터의 높이가 2미터 이상 되는 화물더미와 인접 화물더미 사이의 간격은 화물더미의 밑부분을 기준으로 10cm 이상으로 하여야 한다.

정답 29 ④ 30 ③ 31 ① 32 ②

실전문제 33

발판을 활용한 화물 이동 시 주의사항에 대한 설명으로 틀린 것은?

① 발판 자체에 결함이 없는지 확인한다.
② 발판이 움직이지 않게 하기 위해 목마 위에 설치하는 행동을 하여서는 안 된다.
③ 발판을 통행할 때에는 반드시 1명만이 통행토록 한다.
④ 발판 상·하 부위에 고정조치를 철저히 하도록 한다.

해설 발판이 움직이지 않게 하기 위해 목마 위에 설치하거나 발판 상·하 부위에 고정조치를 철저히 하도록 한다.

실전문제 34

세미 트레일러(Semi trailer)의 특징으로 잘못 설명된 것은?

① 트랙터와 트레일러가 완전히 분리되어 있다.
② 가동 중인 트레일러 중에서 가장 많고 일반적인 트레일러이다.
③ 발착지에서의 트레일러 탈착이 용이하고 공간을 적게 차지해서 후진하는 운전을 하기가 쉽다.
④ 트랙터에 연결하여 송하중의 일부분이 견인하는 자동차에 의해서 지탱되도록 설계된 트레일러이다.

해설 ①은 풀 트레일러(Full trailer)의 특징이다.

실전문제 35

택배운송장 부착요령으로 옳지 않은 것은?

① 작은 소포의 경우 운송장 부착이 가능한 박스에 포장하여 수탁한 후 부착한다.
② 취급주의 스티커는 운송장 바로 우측 옆에 붙여서 눈에 띄게 한다.
③ 기존에 사용한 박스를 사용할 때에는 과거 운송장 위에 새로운 운송장을 부착한다.
④ 운송장이 떨어질 염려가 있는 경우 송하인의 동의를 얻어 포장 시에 수하인의 주소, 전화번호 등을 기재한다.

해설 기존에 사용하던 박스를 그대로 사용할 때 구 운송장이 그대로 방치되면 물품의 오분류가 발생할 수 있다. 따라서 반드시 구 운송장은 제거하고 새로운 운송장을 부착하여 1개의 화물에 2개의 운송장이 부착되지 않도록 한다.

실전문제 36

화물의 적재방법에 대한 설명으로 옳은 것은?

① 소화전, 배전함 앞에서 적재한다.
② 이동거리가 짧을 경우 결박상태 확인을 생략한다.
③ 적재물품의 붕괴 여부를 상시 확인한다.
④ 적재중량을 초과하여 적재한다.

해설
① 화물을 적재할 때에는 소화전, 배전함 등의 설비 사용에 장애를 주지 않도록 한다.
② 물건을 적재한 후에는 이동거리에 상관없이 짐이 넘어지지 않도록 로프나 체인 등으로 단단히 묶어야 한다.
④ 차량에 물건을 적재할 때에는 적재중량을 초과하지 않도록 한다.

실전문제 37

수송 중에 화물이 무너지는 것을 방지할 목적으로 개발된 합리화 특장차는?

① 스태빌라이저 차량
② 액체수송차
③ 시스템 차량
④ 픽업

해설 스태빌라이저 차량은 보디에 스태빌라이저를 장치하고 수송 중의 화물이 무너지는 것을 방지할 목적으로 개발되었다.

정답 33 ② 34 ① 35 ③ 36 ③ 37 ①

실전문제 38

택배 표준약관과 관련하여 사업자의 면책, 책임의 특별소멸사유 등에 대한 설명으로 옳지 않은 것은?

① 운송물이 전부 멸실된 경우 그 계약 시점으로부터 기산하여 적용한다.
② 사업자는 천재지변에 의해 발생한 운송물의 멸실에 대해서는 손해배상책임을 지지 않는다.
③ 운송물의 멸실에 대한 사업자의 손해배상책임은 수하인이 운송물을 수령한 날로부터 1년이 경과하면 소멸한다.
④ 운송물의 멸실에 대한 사업자의 손해배상책임은 수하인이 운송물을 수령한 날로부터 14일 이내에 그 멸실 사실을 사업자에게 통지하지 않으면 소멸한다.

해설 운송물이 전부 멸실된 경우에는 그 인도 예정일로부터 기산하여 1년이 경과하면 소멸한다.

실전문제 39

일반적으로 벌크차라고 부르며 시멘트, 사료, 곡물 등 분립체를 자루에 담지 않고 실물상태로 운반하는 차량은?

① 덤프트럭
② 믹서차량
③ 액체 수송차
④ 분립체 수송차

해설
① 덤프트럭 : 특장차 중에서 대표적인 차종으로 적재함 높이를 경사지게 하여 적재물을 쏟아 내리는 것으로 주로 흙, 모래를 수송하는데 사용하고 있다.
② 믹서차량 : 적재함 위에 회전하는 드럼을 싣고 이 속에 생 콘크리트를 뒤섞으면서 토목건설 현장 등으로 운행하는 차량이다.
③ 액체 수송차 : 각종 액체를 수송하기 위해 탱크 형식의 적재함을 장착한 차량이다.

실전문제 40

고객이 계약금 30만 원을 지불하고 이사화물을 의뢰한 후 인수일 하루 전 사업자의 책임 사유로 인해 계약이 해제된 경우 고객이 사업자로부터 받을 수 있는 손해배상액은 얼마인가?

① 30만 원
② 60만 원
③ 90만 원
④ 120만 원

해설 사업자가 약정된 이사화물의 인수일 하루 전까지 해제를 통지한 경우 계약금의 4배액의 손해배상액을 고객에게 지급해야 한다. 즉, 30만 원×4=120만 원

실전문제 41

교량과 교통사고와의 관계로 가장 거리가 먼 것은?

① 교량의 접근로 폭과 교량의 폭이 같을 때 사고율이 가장 낮다.
② 교량 접근로의 폭에 비하여 교량의 폭이 좁을수록 사고가 더 많이 발생한다.
③ 교량의 접근로 폭과 교량의 폭이 다른 경우에도 교통통제시설 설치로 사고를 감소시킬 수 있다.
④ 교량의 접근로 폭과 교량의 폭이 다를 때에 안전표지가 아닌 시선유도표시를 설치하여야 한다.

해설 교량의 접근로 폭과 교량의 폭이 서로 다른 경우에도 교통통제시설인 안전표지, 시선유도표지, 교량끝단의 노면표시를 효과적으로 설치함으로써 사고를 예방할 수 있다.

실전문제 42

평면곡선부에서 자동차가 원심력에 저항할 수 있도록 하기 위하여 설치하는 횡단경사는?

① 정지시거
② 종단경사
③ 편경사
④ 횡단경사

해설 편경사는 곡선부의 사고율과 관련이 있으며 편경사를 개선하면 곡선부에서의 사고를 감소시킬 수 있다.

정답 38 ① 39 ④ 40 ④ 41 ④ 42 ③

실전문제 43

운전자가 어떻게 운전할 것인지 결정한 후 그 결정에 따라 자동차를 움직이는 운전행위는?

① 인지
② 조작
③ 판단
④ 표적

해설 운전자가 어떻게 운전할 것인지 결정(판단)하고 그 결정에 따라 자동차를 움직이는 운전행위는 조작이다.

실전문제 44

교통사고의 환경요인에 해당하지 않은 것은?

① 노폭과 구배
② 기상과 일광
③ 차량 교통량
④ 정부의 교통정책

해설 ①은 도로요인에 해당한다.

실전문제 45

고령보행자가 뒤에서 오는 차의 접근에도 주의를 기울이지 않는 경향을 설명하는 것은?

① 고착화된 자기 경직성
② 인지반응시간의 증가
③ 평균 구별능력의 약화
④ 시야감소 현상

해설 고착화된 자기 경직성이란 뒤에서 오는 차의 접근에도 주의를 기울이지 않거나 경음기를 울려도 반응을 보이지 않는 경향이 증가하는 고령보행자의 특성을 가리킨다.

실전문제 46

자동차가 출발할 때 구동 바퀴는 이동하려 하지만 차체는 정지하고 있기 때문에 앞 범퍼 부분이 들리는 현상은?

① 노즈 업(Nose up)
② 다이브(Dive)
③ 노즈 다운(Nose down)
④ 요잉(Yawing)

해설 자동차가 출발할 때 구동 바퀴는 이동하려 하지만 차체는 정지하고 있기 때문에 앞 범퍼 부분이 들리는 현상을 노즈 업이라고 하며 스쿼트(Squat) 현상이라고도 한다.

실전문제 47

운전석에 있는 핸들에 의해 앞바퀴의 방향을 틀어서 자동차의 진행방향을 바꾸는 장치는?

① 제동장치
② 현가장치
③ 주행장치
④ 조향장치

해설 조향장치는 주행 시 항상 바른 방향을 유지하고 주행방향이 잘못되었을 때는 즉시 직전 상태로 되돌아가는 성질이 요구된다. 토우인, 캠버, 캐스터 등이 조향장치에 포함된다.

정답 43 ② 44 ① 45 ① 46 ① 47 ④

실전문제 48

겨울철 도로 주행 시 주의해야 하는 사항으로 가장 거리가 먼 것은?

① 미끄러운 오르막길에서는 도중에 정지하는 일이 없도록 일정한 속도로 기어 변속 없이 한 번에 올라가야 한다.
② 눈 쌓인 커브길 주행 시에는 기어를 저단으로 변속하여 운행한다.
③ 교량 위나 터널 근처는 동결되기 쉬운 장소이므로 감속 운행을 한다.
④ 다른 차와의 거리를 충분히 확보하고 나란히 주행하지 않는다.

해설 눈 쌓인 커브길 주행 시에는 기어 변속을 하지 않는다.

실전문제 49

다음 중 터널 진입 전 입구 주변에 표시된 도로정보 확인을 가리키는 터널 안전운전 수칙은?

①
②
③ 비상주차대
④

해설
① 교통신호를 확인한다.
③ 비상시를 대비하여 피난연결통로, 비상주차대 위치를 확인한다.
④ 차선을 바꾸지 않는다.

실전문제 50

도로교통체계를 구성하는 요소가 아닌 것은?

① 도로 운행 차량
② 교통신호등 등의 환경
③ 도로교통법 등의 법규
④ 도로사용자

해설 도로교통체계를 구성하는 요소에는 운전자 및 보행자를 비롯한 도로사용자, 도로 및 교통신호등 등의 환경, 차량이 있다.

실전문제 51

스탠딩 웨이브(Standing wave) 현상을 예방하기 위한 방법으로 옳은 것은?

① 공기압을 높인다.
② 고속으로 주행하지 않는다.
③ 마모된 타이어를 사용하지 않는다.
④ 브레이크를 짧게 몇 번 밟아준다.

해설 스탠딩 웨이브 현상을 예방하기 위해서 공기압을 높이거나 속도를 맞추는 등의 주의가 필요하다.

실전문제 52

배출가스가 검은색으로 나타나는 경우 원인으로 관계가 있는 것은?

① 헤드개스킷 파손
② 밸브의 오일 씰 노후
③ 피스톤 링의 마모
④ 에어클리너 엘리먼크의 막힘

해설 ①, ②, ③은 엔진 안에서 다량의 엔진오일이 실린더 위로 올라와 연소되어 배출가스가 백색일 경우의 원인이다.

정답 48 ② 49 ② 50 ③ 51 ① 52 ④

실전문제 53

수막현상의 형성과 가장 거리가 먼 것은?

① 운전자의 심리상태
② 타이어의 마모 상태
③ 도로의 포장상태
④ 자동차의 속도

해설 수막현상은 타이어의 마모 및 노면의 상태, 자동차의 속도와 관련이 있으며 운전자의 심리상태는 관련이 없다.

실전문제 54

정지시력이 1.2인 사람이 시속 90km로 운전할 때 동체 시력은 얼마 이하인가?

① 0.4
② 0.5
③ 0.7
④ 0.8

해설 정지시력이 1.2인 사람이 시속 90km로 운전할 때 동체 시력은 0.5 이하로 떨어진다.

실전문제 55

야간운전 시 운전자가 확인하기 쉬운 색깔부터 어려운 색깔의 보행자 옷을 순서대로 나열한 것은?

① 엷은 황색 → 흑색 → 흰색
② 흰색 → 엷은 황색 → 흑색
③ 흑색 → 엷은 황색 → 흰색
④ 흰색 → 흑색 → 엷은 황색

해설 가장 인지하기 쉬운 옷의 색깔은 흰색이며 흑색이 가장 인지하기 어렵다.

실전문제 56

엔진이 과열되었을 때 확인해야 하는 사항이 아닌 것은?

① 라디에이터의 손상 상태 확인
② 수온조절기의 열림 확인
③ 에어 클리너 오염도 확인
④ 냉각수 및 엔진오일의 양 확인

해설 ③은 엔진오일이 과다 소모되었을 때 확인해야 하는 사항이다.

실전문제 57

음주운전 교통사고의 특징으로 가장 거리가 먼 것은?

① 대향차의 전조등 불빛은 주의력을 높이는 데 도움이 된다.
② 주차된 차량과 충돌할 가능성이 높다.
③ 차량단독사고의 가능성이 높다.
④ 치사율이 높다

해설 대향차의 전조등에 의한 현혹 발생 시 정상운전보다 교통사고 위험이 증가된다.

실전문제 58

어린이의 행동능력에 대해 논리적 사고가 발달하고 보행자로서 교통에 참여할 수 있는 나이는?

① 2세 미만
② 2세~7세
③ 7세~12세
④ 12세 이상

해설 대개 초등학교 6학년 이상부터 논리적 사고가 발달하고 보행자로서 교통에 참여할 수 있다.

정답 53 ① 54 ② 55 ② 56 ③ 57 ① 58 ④

실전문제 59

어린이가 승용차에 탑승할 때 주의해야 하는 사항으로 가장 거리가 먼 것은?

① 어린이는 반드시 뒷자석에 태우고 도어의 안전잠금장치를 잠근 후 운행한다.
② 어린이를 제일 먼저 태우고 나중에 내리도록 하며 문은 어른이 열고 닫는다.
③ 어린이는 뒷자석 3점식 안전띠의 길이를 조정하여 안전띠를 착용한다.
④ 운전자가 잠시 차를 떠날 때 어린이는 뒷자석에 안전띠를 채운 후 떠난다.

해설 어린이가 차 안에 혼자 있을 경우 각종 장치를 만지거나 시동을 걸어 예상 밖의 사고가 생길 수 있으므로 어린이와 같이 차에서 떠나야 한다.

실전문제 60

다음 중 2차 사고 예방 안전행동요령에 대한 설명으로 가장 거리가 먼 것은?

① 신속히 비상등을 켜서 갓길로 차량을 이동시킨다.
② 접근하는 차량에게 주의를 주기 위해 고장자동차의 표지인 안전삼각대를 한다.
③ 운전자가 탑승자와 차량 내 또는 주변에 있는 것은 위험하므로 안전한 장소로 대피한다.
④ 한국도로공사 콜센터가 아닌 반드시 경찰서와 소방서에 연락하여 도움을 요청한다.

해설 경찰관서(112), 소방관서(119), 한국도로공사 콜센터(1588-2504)로 연락하여 도움을 요청해야 한다.

실전문제 61

고속도로의 제한속도 중 최저속도는 매시 몇 km인가?

① 40km　　　　　　　　　　　② 50km
③ 60km　　　　　　　　　　　④ 70km

해설 우리나라는 교통안전을 위해 고속도로에서 매시 50km의 최저속도 제한을 두고 있다.

실전문제 62

운전과 관련된 시야에 대한 설명으로 옳지 않은 것은?

① 양쪽 눈으로 색채를 식별할 수 있는 범위는 약 70도이다.
② 시축에서 벗어난 시각에 따라 시력이 저하된다.
③ 정상적인 시력을 가진 사람의 시야범위는 100도~150도이다.
④ 시야의 범위는 자동차의 속도에 반비례하여 좁아진다.

해설 정상적인 시력을 가진 사람의 시야범위는 180도~200도이다.

실전문제 63

공중교통에 이용되고 있는 불특정 다수인을 위해 이용이 허용되고 실제로 이용되는 도로요인은?

① 공개성　　　　　　　　　　② 형태성
③ 교통경찰권　　　　　　　　④ 이용성

해설 공중교통에 이용되고 있는 불특정 다수인을 위해 이용이 허용되고 실제로 이용되는 곳을 가리키는 도로요인은 공개성이다.

정답 59 ④　60 ④　61 ②　62 ③　63 ①

실전문제 64

움직이는 물체 또는 움직이면서 다른 자동차나 사람 등을 보는 시력은?

① 야간시력 ② 동체시력
③ 정지시력 ④ 심시력

해설 동체시력은 물체의 속도가 빠를수록, 연령이 높을수록, 피로도가 높을수록 저하된다.

실전문제 65

운전자가 브레이크에 발을 올려 브레이크가 막 작동을 시작하는 순간부터 자동차가 완전히 정지할 때까지의 거리는?

① 주의거리 ② 공주거리
③ 제동거리 ④ 정지거리

해설 ② 공주거리 : 운전자가 자동차를 정지시켜야 할 상황임을 지각하고 브레이크 페달로 발을 옮겨 브레이크가 작동을 시작하는 순간까지의 자동차가 진행한 거리이다.
④ 정지거리 : 공주거리와 제동거리를 합한 거리로 정지거리에 소요된 시간을 정지소요시간이라고 한다.

실전문제 66

다음 중 물류의 주요기능으로 옳은 것은?

| ㄱ. 제조기능 | ㄴ. 포장기능 |
| ㄷ. 운송기능 | ㄹ. 하역기능 |

① ㄱ, ㅁ ② ㄴ, ㄷ
③ ㄱ, ㄴ, ㄹ ④ ㄴ, ㄷ, ㄹ

해설 물류는 운송, 포장, 보관, 하역, 정보, 유통가공 기능을 한다.

실전문제 67

물류시장의 경쟁 속에서 기업존속 결정의 조건에 대한 설명으로 틀린 것은?

① 사업의 존속을 결정하는 조건 중 하나는 비용감소이다.
② 사업의 존속을 결정하는 조건 중 하나는 매상증대이다.
③ 매상증대와 비용감소를 모두 달성해야 기업 존속이 가능하다.
④ 매상증대 또는 비용감소 중 어느 쪽도 달성할 수 없다면 기업이 존속하기 어렵다.

해설 매상증대와 비용감소 중 어느 한 가지라도 실현시킬 수 있다면 사업의 존속이 가능하지만, 어느 쪽도 달성할 수 없다면 살아남기 힘들게 된다.

실전문제 68

통합판매·물류·생산시스템(CALS)의 도입에 있어 급변하는 상황에 민첩하게 대응하기 위한 전략적 기업제휴를 의미하는 것은?

① 공유기업 ② 가상기업
③ 벤처기업 ④ 상장기업

해설 급변하는 상황에 민첩하게 대응하기 위한 전략적 기업제휴를 의미하는 것은 가상기업이다.

정답 64 ② 65 ③ 66 ④ 67 ③ 68 ②

실전문제 69

일반적인 물류의 발전과정으로 옳은 것은?

① 자사물류 → 물류자회사 → 제3자 물류
② 물류자회사 → 자사물류 → 제3자 물류
③ 물류자회사 → 제3자 물류 → 자사물류
④ 자사물류 → 제3자 물류 → 물류자회사

해설 제3자 물류의 발전과정은 자사물류(제1자 물류) → 물류자회사(제2자 물류) → 제3자 물류이며, 실제 이행과정은 이보다 복잡한 구조를 보인다.

실전문제 70

로지스틱스 회사에서 고객만족을 통한 수요창출에 누구보다 중요한 위치를 점하고 있는 일선 근무자는?

① 운전자
② 팀원
③ 최고경영자
④ 중간관리자

해설 물류의 최일선에 있는 운전자는 고객만족을 통한 수요창출에 누구보다 중요한 위치를 점하고 있으며, 대고객서비스의 수준을 높이는 일선 근무자이다.

실전문제 71

다음 중 뛰어난 통찰력이나 영감에 바탕을 둔 물류전략을 의미하는 것은?

① 프로액티브 물류전략
② 크래프팅 중심의 물류전략
③ 서비스개선 물류전략
④ 자본절감 물류전략

해설 크래프팅 중심의 물류전략은 특정한 프로그램이나 기법을 필요로 하지 않으며, 뛰어난 통찰력이나 영감에 바탕을 둔다. 그러나 일단 물류서비스 전략이 수립되면 서비스 수준을 수립된 전략을 통해 달성된다.

실전문제 72

다음에 설명하는 비율을 무엇이라고 하는가?

> 운송의 효율성을 나타내는 지표 중에서 총 주행거리에 대해 실제로 화물을 싣고 운행한 거리의 비율

① 실차율
② 적재율
③ 가동률
④ 공차거리율

해설 총 주행거리에 대해 실제로 화물을 싣고 운행한 거리의 비율을 실차율이라 한다.

실전문제 73

자가용 화물운송과 비교할 때 사업용 화물운송의 장점은?

① 운임의 안정화가 곤란하다.
② 관리기능이 저해된다.
③ 수송비가 저렴하다.
④ 시스템의 일관성이 없다.

해설 사업용 화물운송의 장점은 수송비가 저렴하고 수송능력이 좋다는 것 등이 있다.

정답 69 ① 70 ① 71 ② 72 ① 73 ③

실전문제 74

운송 관련 용어의 정의가 잘못된 것은?

① 운송 : 서비스 공급측면에서의 재화의 이동
② 운수 : 행정상 또는 법률상의 운송
③ 배송 : 한정된 공간과 범위 내에서의 재화의 이동
④ 통운 : 소화물 운송

해설) 배송은 상거래가 성립된 후 상품을 고객이 지정하는 수하인에게 발송 및 배달하는 것으로 물류센터에서 각 점포나 소매점에 상품을 납입하기 위한 수송이다.

실전문제 75

다음 중 기업물류 활동 중 지원활동에 해당하는 것은?

① 보관
② 수송
③ 재고관리
④ 주문처리

해설) ②~④는 기업물류 활동 중 주활동에 해당한다.
기업물류 활동
- 주활동 : 대고객서비스 수준, 수송, 재고관리, 주문처리
- 지원활동 : 보관, 자재관리, 구매, 포장, 생산량, 생산일정 조정, 정보관리

실전문제 76

제4자 물류의 개념으로 옳지 않은 것은?

① 물류자회사에 의해 처리한다.
② 공급사슬의 모든 활동과 계획관리를 전담한다.
③ 제3자 물류의 기능에 컨설팅 업무를 추가로 수행한다.
④ 광범위한 공급사슬의 조직을 관리한다.

해설) 물류자회사에 의해 처리하는 경우는 2자 물류에 해당한다.

실전문제 77

공급망관리에 있어서 제4자 물류의 4단계 중 다음과 같은 특징을 갖고 있는 단계는?

> 판매, 운영계획, 유통관리, 구매전략, 고객서비스, 공급망 기술을 포함한 특정한 공급망에 초점을 맞추며, 전략적 사고, 조직변화관리, 고객의 공급망 활동과 프로세스를 통합하기 위한 기술을 강화한다.

① 재창조
② 전환
③ 이행
④ 실행

해설) ① 재창조 : 공급망에 참여하고 있는 복수의 기업과 독립된 공급망 참여자들 사이에 협력을 넘어서 공급망의 계획과 동기화에 의해 가능하다.
③ 이행 : 비즈니스 프로세스 제휴, 조직과 서비스의 경계를 넘은 기술의 통합과 배송운영까지를 포함하여 실행한다.
④ 실행 : 다양한 공급망 기능과 프로세스를 위한 운영상의 책임을 지고, 그 범위는 전통적인 운송관리와 물류 아웃소싱보다 범위가 크다.

실전문제 78

고객의 물류클레임 중 제품의 품질만큼 중요하게 여기는 것과 거리가 먼 것은?

① 오품
② 파손
③ 고객응대
④ 오출하

해설) 고객의 물류클레임 중 제품의 품질만큼 중요하게 여기는 것은 오손, 파손, 오품, 수량오류, 오량, 오출하, 전표오류, 지연이 있다.

정답 74 ③ 75 ① 76 ① 77 ② 78 ③

실전문제 79

주파수 공용통신(TRS)의 도입 효과로 볼 수 없는 것은?

① 배차 후 화주의 기착지 변경이나 취소에 따른 신속대응이 가능해진다.
② 차량 위치추적기능의 활용으로 도착시간의 정확한 예측이 가능해진다.
③ 고장차량에 대응한 차량 재배치나 지연사유 분석이 가능해진다.
④ 각종 자연재해로부터 사전대비를 통해 재해를 회피할 수 있다.

해설 ④는 GPS의 도입 효과에 해당한다.
주파수 공용통신의 도입효과
- 사전배차계획 수립과 배차계획 수정 가능, 도착시간의 정확한 추정 가능
- 체크아웃 포인트의 설치나 화물추적기능 활용으로 수·배송 지연사유 분석 가능
- 고장차량에 대응한 차량 재배치나 지연사유 분석 가능

실전문제 80

택배운송 등 소량화물운송용의 집배차량의 적재능력, 주행성, 하역의 효율성, 승강의 이용성 등의 각종 요건을 충족시키기 위해 출현한 것은?

① 트레일러
② 델리베리카
③ 경비수송차
④ 덤프트럭

해설 델리베리카는 워크트럭차라고도 불리며, 택배 수송을 상징하듯 다품종 소량화 시대를 맞아 집배 수송이 한층 더 중요한 위치를 차지하고 있을 때 출현한 집배 수송용자동차이다.

정답 79 ④ 80 ②

05 실전모의고사 5회

실전문제 01

다음 중 건설기계관리법에 따른 건설기계가 아닌 것은?

① 혈액공급차량
② 아스팔트살포기
③ 천공기
④ 노상안정기

해설 혈액공급차량은 소방차, 구급차 등과 함께 긴급자동차에 해당한다.

실전문제 02

도로교통법상 차 또는 노면전차의 운전자가 그 차의 바퀴를 일시적으로 완전히 정지시키는 것을 무엇이라 하는가?

① 정차
② 주차
③ 일시정지
④ 서행

해설
① 정차 : 운전자가 5분을 초과하지 아니하고 차를 정지시키는 것으로서 주차 외의 정지 상태
② 주차 : 운전자가 승객을 기다리거나 화물을 싣거나 차가 고장 나거나 그 밖의 사유로 차를 계속 정지 상태에 두는 것 또는 운전자가 차에서 떠나서 즉시 그 차를 운전할 수 없는 상태에 두는 것
④ 서행 : 운전자가 차 또는 노면전차를 즉시 정지시킬 수 있는 정도의 느린 속도로 진행하는 것

실전문제 03

고속도로 외의 도로에서 왼쪽 차로로 통행할 수 있는 차종이 아닌 것은?

① 이륜자동차
② 중형 승합자동차
② 경형 승합자동차
④ 승용자동차

해설 도로교통법 시행규칙 별표 9에 따라 고속도로 외의 도로에서 왼쪽 차로로 통행할 수 있는 차종은 승용자등차 및 경형·소형·중형 승합자동차이다. 이륜자동차는 오른쪽 차로로 통행할 수 있다.

실전문제 04

도로교통법령에 따라 승차 인원, 적재중량 및 적재용량에 관하여 대통령령으로 정하는 운행상의 안전기준을 넘어서 운전하고자 하는 경우 누구의 허가를 받아야 하는가?

① 국토교통부장관
② 출발지 관할 경찰서장
③ 목적지 관할 시·도지사
④ 출발지 관할 구청장

해설 도로교통법 제39조에 따르면 도로교통법령에 따라 승차 인원, 적재중량 및 적재용량에 관하여 대통령령으로 정하는 운행상의 안전기준을 넘어서 운전하고자 하는 경우 출발지를 관할하는 경찰서장의 허가를 받아야 한다.

실전문제 05

도로교토법령상 화물자동차의 운행상 안전기준으로 옳지 않은 것은?

① 적재중량 : 구조 및 성능에 따르는 적재중량의 120퍼센트 이내
② 길이 : 자동차 길이에 그 길이의 10분의 1을 더한 길이
③ 너비 : 자동차의 후사경으로 뒤쪽을 확인할 수 있는 범위의 너비
④ 높이 : 지상으로부터 4미터의 높이

해설 적재중량의 경우 구조 및 성능에 따르는 적재중량의 110퍼센트 이내이다.

정답 01 ① 02 ③ 03 ① 04 ② 05 ①

실전문제 06

도로교통법령상 편도 1차로 고속도로에서의 최고속도로 옳은 것은?

① 50km/h
② 80km/h
③ 90km/h
④ 100km/h

해설 도로교통법 시행규칙 제19조에서는 편도 1차로 고속도로에서의 최고속도를 80km/h로 규정하고 있다.

실전문제 07

다음 중 차량이 일시정지하여야 하는 경우가 아닌 것은?

① 보도와 차도가 구분된 도로에서 도로 외의 곳을 출입할 때 보도를 횡단하기 직전
② 보행자가 횡단보도를 통행하고 있을 때 횡단보도 앞
③ 신호가 없는 철길 건널목을 통과하려는 경우 철길 건널목 앞
④ 도로에 설치된 안전지대에 보행자가 있는 경우 보행자의 옆을 지나갈 때

해설 도로교통법에 따르면 운전자는 도로에 설치된 안전지대에 보행자가 있는 경우와 차로가 설치되지 않은 좁은 도로에서 보행자의 옆을 지나는 경우에는 안전한 거리를 두고 서행하여야 한다.

실전문제 08

다음 중 제1종 보통면허로 운전할 수 없는 차는?

① 적재중량 10톤의 화물자동차
② 승차정원 15인의 승합자동차
③ 총중량 12톤의 특수자동차
④ 도로를 운행하는 2톤의 지게차

해설 제1종 보통면허로 운전할 수 있는 차의 종류(도로교통법 시행규칙 별표 18)
- 승용자동차
- 승차정원 15인 이하의 승합자동차
- 적재중량 12톤 미만의 화물자동차
- 건설기계(도로를 운행하는 3톤 미만의 지게차에 한정)
- 총중량 10톤 미만의 특수자동차(구난차등은 제외)

실전문제 09

도로를 통행하고 있는 차마에서 밖으로 물건을 던지는 경우 몇 점의 벌점이 부과되는가?

① 10점
② 15점
③ 30점
④ 40점

해설 도로교통법 시행규칙 별표 28에 따르면 도로를 통행하고 있는 차마에서 밖으로 물건을 던질 경우 10점의 벌점이 부과된다.

실전문제 10

적재중량 5톤의 화물자동차가 법정최고속도를 60km/h 초과하여 운행하다 단속된 경우 운전자에게 부과되는 범칙금은?

① 9만 원
② 10만 원
③ 12만 원
④ 13만 원

해설 도로교통법 시행령 별표 8에 따르면 4톤 초과 화물자동차가 법정최고속도를 60km/h 초과하여 속도위반을 할 경우 13만 원의 범칙금이 부과된다.

정답 06 ② 07 ④ 08 ③ 09 ① 10 ④

실전문제 11

교통안전법 시행령 별표3의2에서 규정하고 있는 교통사고에 의한 사망은 교통사고가 주된 원인이 되어 교통사고 발생 시부터 며칠 이내에 사람이 사망한 사고를 말하는가?

① 10일
② 15일
③ 20일
④ 30일

해설 교통안전법 시행령 별표 3의2에서 규정된 교통사고에 의한 사망은 교통사고가 주된 원인이 되어 교통사고 발생 시부터 30일 이내에 사람이 사망한 사고를 말한다.

실전문제 12

다음 중 교통사고특례법상 횡단보도 보행자 보호의무 위반 사고에 해당하는 것은?

① 보행자가 주의신호에 뒤늦게 횡단보도에 진입하여 건너던 중 정지신호로 변경된 후의 사고
② 횡단보도에서 택시를 잡기 위하여 서 있는 사람을 치상한 사고
③ 군부대 내에 자체적으로 설치된 횡단보도에서 발생한 사고
④ 횡단보도 전에 정차한 차량을 추돌, 앞차가 밀려나가 보행자를 충돌한 사고

해설 ①~③은 보행자 보호의무 위반 사고의 예외사항에 해당한다.

실전문제 13

다른 사람의 요구에 응하여 자기 화물자동차를 사용하여 유상으로 화물을 운송하거나 화물정보망을 통하여 소속 화물자동차 운송가맹점에 의뢰하여 화물을 운송하게 하는 사업은?

① 화물자동차 운송사업
② 화물자동차 운송주선사업
③ 화물자동차 운송가맹사업
④ 화물자동차 운송대리사업

해설 화물자동차 운수사업법 제2조에서 정의하고 있는 "화물자동차 운송가맹사업"에 대한 설명이다.

실전문제 14

운송사업자의 운임 및 요금의 신고 시 제출해야 하는 서류에 대한 설명으로 틀린 것은?

① 운임 및 요금을 신고할 때는 공인회계사가 작성한 원가계산서를 첨부하여야 한다.
② 원가계산서는 행정기관에 등록한 원가계산기관에서 작성한 것도 제출할 수 있다.
③ 변경신고인 경우 운임 및 요금의 변경사항 목록을 제출하여야 한다.
④ 구난형 특수자동차를 사용하여 고장차량·사고차량 등을 운송하는 운송사업의 경우 구난 작업에 사용하는 장비 등의 사용료를 운임·요금표에 포함하여야 한다.

해설 변경신고인 경우 운임 및 요금의 신·구대비표를 제출하여야 한다.

실전문제 15

화물자동차 운수사업법령에 따라 상법을 적용할 때, 화물의 인도기한이 지난 후 몇 개월 이내에 인도되지 않으면 그 화물을 멸실된 것으로 보는가?

① 1개월
② 3개월
③ 6개월
④ 12개월

해설 화물자동차 운수사업법 제7조에 따라 상법 제135조를 준용할 때 화물이 인도기한이 지난 후 3개월 이내에 인도되지 아니하면 그 화물은 멸실된 것으로 본다.

정답 11 ④ 12 ④ 13 ③ 14 ③ 15 ②

실전문제 16

화물자동차 운송주선사업자가 적재물배상 책임보험 또는 공제에 가입하지 않은 경우 부과되는 과태료의 총액 한계는?

① 자동차 1대당 50만 원 ② 100만 원
③ 자동차 1대당 100만 원 ④ 500만 원

 화물자동차 운송주선사업자가 적재물배상 책임보험 또는 공제에 가입하지 않은 경우 가입하지 않은 기간이 10일 이내라면 3만 원, 10일을 초과한 경우 3만 원에 11일째부터 기산하여 1일당 1만 원을 가산한 금액을 부과한다. 다만 과태료의 총액은 100만 원을 초과하지 못한다.

실전문제 17

화물운송종사 자격시험에 합격한 사람이 받아야 하는 교육과목이 아닌 것은?

① 안전운행에 관한 사항 ② 운송서비스에 관한 사항
③ 화물취급요령에 관한 사항 ④ 자동차 응급처치방법

 한국교통안전공단의 교육과목
- 화물자동차 운수사업법령 및 도로관계법령
- 교통안전에 관한 사항
- 화물취급요령에 관한 사항
- 자동차 응급처치방법
- 운송서비스에 관한 사항

실전문제 18

다음 중 화물자동차 운수사업법령에서 정한 공제조합의 사업에 해당하는 것은?

① 경영자와 운수종사자의 교육훈련
② 공동이용시설의 설치·운영 및 관리, 그 밖에 조합원의 편의 및 복지 증진을 위한 사업
③ 화물자동차 운수사업의 경영개선을 위한 지도
④ 화물자동차 운수사업의 진흥 및 발전에 필요한 통계의 작성 및 관리

 ①, ③, ④는 협회의 사업에 해당한다.
공제조합사업(법 제51조의6)
- 조합원이 사업용 자동차를 소유·사용·관리하는 동안 발생한 사고로 그 자동차에 생긴 손해에 대한 공제
- 운수종사자가 조합원의 사업용 자동차를 소유·사용·관리하는 동안에 발생한 사고로 입은 자기 신체의 손해에 대한 공제
- 공제조합에 고용된 자의 업무상 재해로 인한 손실을 보상하기 위한 공제
- 공동이용시설의 설치·운영 및 관리, 그 밖에 조합원의 편의 및 복지 증진을 위한 사업
- 화물자동차 운수사업의 경영 개선을 위한 조사·연구 사업
- 상기 사업에 딸린 사업으로서 정관으로 정하는 사업

실전문제 19

최대 적재량 1.5톤 이하 화물자동차가 주차장, 차고지 또는 지방자치단체의 조례로 정하는 시설 및 장소가 아닌 곳에서 밤샘주차한 경우 개별화물자동차 운송사업에 부과되는 과징금은?

① 5만 원 ② 10만 원
③ 15만 원 ④ 20만 원

 최대 적재량 1.5톤 이하 화물자동차가 주차장, 차고지 또는 지방자치단체의 조례로 정하는 시설 및 장소가 아닌 곳에서 밤샘주차한 경우 일반 화물자동차 운송사업과 화물자동차 운송가맹사업에는 20만 원, 개별화물자동차 운송사업에는 10만 원, 용달화물자동차 운송사업에는 5만 원의 과징금이 부과된다.

정답 16 ② 17 ① 18 ② 19 ②

실전문제 20

A가 구입한 자동차의 제작일은 2019년 3월 25일이고 A는 이 자동차를 2019년 8월 25일에 등록하였다. 이 자동차의 차령기산일은?

① 2019년 1월 1일
② 2019년 3월 25일
③ 2019년 8월 25일
④ 2019년 12월 31일

해설 제작연도에 등록된 자동차는 최초의 신규등록일을 차령기산일로 한다. 2019년 3월 25일에 제작되어 2019년 8월 25일에 등록하였으므로 차령기산일은 2019년 8월 25일이다.

실전문제 21

자동차 튜닝검사 신청서류에 해당하지 않는 것은?

① 자동차등록증
② 튜닝하고자 하는 구조·장치의 설계도
③ 구조·장치변경 승인서
④ 등록번호판의 사본

해설 **자동차의 튜닝 신청서류(자동차관리법 시행규칙 제56조 제1항)**
- 자동차등록증
- 구조·장치변경 승인서
- 튜닝 전후의 주요제원대비표
- 튜닝 전후의 자동차외관도(외관의 변경이 있는 경우에 한한다)
- 튜닝하고자 하는 구조·장치의 설계도

실전문제 22

다음 중 자동차 검사에 대한 설명으로 가장 거리가 먼 것은?

① 자동차는 구조나 장치가 안전운행에 필요한 성능과 기준에 적합하지 아니하면 운행하지 못한다.
② 자동차 검사뿐만 아니라 정기검사도 반드시 한국교통안전공단에서만 대행하여야 한다.
③ 자동차의 구조·장치를 변경하려는 경우 소유자는 시장·군수·구청장의 승인을 받아야 한다.
④ 시장·군수 또는 구청장은 튜닝 승인에 관한 권한을 한국교통안전공단에 위탁한다.

해설 자동차 검사는 한국교통안전공단이 대행하고 있으며, 정기검사는 지정정비사업자도 대행할 수 있다.

실전문제 23

도로에 관한 금지행위에 대한 설명으로 옳지 않은 것은?

① 금지행위에는 도로를 파손하는 행위도 포함된다.
② 정당한 사유 없이 도로를 파손하여 교통을 방해한 자는 5년 이하의 징역이나 500만 원 이하의 벌금을 부과한다.
③ 누구든지 정당한 사유없이 도로의 구조에 지장을 주는 행위를 하여서는 안 된다.
④ 도로에 토석, 입목·죽 등 장애물을 쌓아두는 행위를 하여서는 아니 된다.

해설 정당한 사유 없이 도로(고속국도는 제외)를 파손하여 교통을 방해하거나 교통에 위험을 발생하게 한 자는 10년 이하의 징역이나 1억 원 이하의 벌금에 처한다.

실전문제 24

다음 중 대기환경보전법에서 사용하는 용어의 정의로 옳지 않은 것은?

① 온실가스 : 물질이 연소·합성·분해될 때에 발생하거나 물리적 성질로 인하여 발생하는 기체상물질
② 대기오염물질 : 대기오염의 원인이 되는 가스·입자상 물질로서 환경부령으로 정하는 것
③ 매연 : 연소할 때에 생기는 유리 탄소가 주가 되는 미세한 입자상물질
④ 입자상물질 : 물질이 선별·퇴적되거나 기계적으로 처리되거나 할 때에 발생하는 고체상 또는 액체상의 미세한 물질

해설 온실가스란 적외선 복사열을 흡수하거나 다시 방출하여 온실효과를 유발하는 대기 중의 가스상태 물질로서 이산화탄소, 메탄, 아산화질소, 수소불화탄소, 과불화탄소, 육불화황 등이다.

실전문제 25

다음 빈칸에 들어갈 알맞은 내용은?

> 대기환경보전법 제94조 제2항 제4호
> 저공해자동차로의 전환 또는 개조 명령, 배출가스저감장치의 부착·교체 명령 또는 배출가스 관련 부품의 교체 명령, 저공해엔진(혼소엔진을 포함한다)으로의 개조 또는 교체 명령을 이행하지 아니한 자는 ( ) 이하의 과태료를 부과한다.

① 500만 원 ② 300만 원
③ 200만 원 ④ 100만 원

해설 저공해자동차로의 전환명령을 이행하지 않은 자는 300만 원 이하의 과태료를 부과한다.

실전문제 26

다음은 운송장의 기능 중 무엇과 직접적인 관련이 있는가?

> 운송장에는 송하인, 수하인, 기타 화물에 대한 정보가 수록되어 있다.

① 계약서 기능 ② 화물인수증 기능
③ 운송요금 영수증 기능 ④ 정보처리 기본자료

해설 운송사업자는 이들 자료를 마케팅, 요금청구, 사내 수입정산, 운전자 효율 측정, 각 작업 단계의 효율측정 등의 정보처리 기본자료로 활용한다. 또한 고객에게 화물추적 및 배달에 대한 정보를 제공하는 자료로도 활용한다.

실전문제 27

다음 중 특별품목에 대한 포장을 할 때 유의사항으로 옳지 않은 것은?

① 부패 또는 변질되기 쉬운 물품의 경우 아이스박스를 사용한다.
② 배나 사과 등 박스에 담아 좌우에서 들 수 있도록 되어 있는 물품은 들기 쉽도록 손잡이 부분의 구멍을 막지 않는다.
③ 식품류(김치, 특산물 등)의 경우 스티로폼으로 포장하는 것을 원칙으로 한다.
④ 가구류의 경우 박스 포장하고 모서리 부분을 에어 캡으로 포장처리한 후 면책확인서를 받아 집하한다.

해설 배나 사과 등 박스에 담아 좌우에서 들 수 있도록 되어 있는 물품은 손잡이 부분의 구멍을 테이프로 막아 내용물의 파손을 방지한다.

정답 24 ① 25 ② 26 ④ 27 ②

실전문제 28

운송장의 기록과 운영에 대한 설명으로 옳지 않은 것은?

① 화물명은 화물의 품명을 기록하며 파손, 분실 등 사고발생 시 손해배상의 기준이 된다.
② 인수자 날인은 화물을 인수한 사람의 이름을 정자로 기록하고 서명이나 인장을 날인 받아야 한다.
③ 운송장 번호와 그 번호를 나타내는 바코드는 담당 운전자가 별도로 기록해야 한다.
④ 사고발생 가능성이 높아 수락이 곤란한 화물의 경우 송하인이 모든 책임을 진다는 조건으로 수탁할 수 있다.

해설 운송장 번호와 그 번호를 나타내는 바코드는 운송장을 인쇄할 때 기록되기 때문에 운전자가 별도로 기록할 필요는 없다.

실전문제 29

다음 일반 화물의 취급 표지의 호칭으로 옳은 것은?

① 방사선 보호
② 직사광선 금지
③ 젖음 방지
④ 취급주의

해설 주어진 표지는 태양의 직사광선에 화물을 노출시켜서는 안 되는 화물에 부착하는 '직사광선 금지' 표지이다.

실전문제 30

포장과 포장 사이에 미끄럼을 멈추는 시트를 넣어 안전을 도모하지만 상자가 진동하면 튀어 오르기 쉬운 문제가 있는 파렛트 화물의 붕괴 방지 방식은?

① 슬립 멈추기 시트삽입 방식
② 풀 붙이기 접착 방식
③ 수평 밴드걸기 풀 붙이기 방식
④ 스트레치 방식

해설 ② 풀 붙이기 접착 방식 : 파렛트 화물의 붕괴 방지대책의 자동화·기계화가 가능하고 비용도 저렴한 방식
③ 수평 밴드걸기 풀 붙이기 방식 : 풀 붙이기와 밴드걸기 방식을 병용한 것
④ 스트레치 방식 : 스트레치 포장기를 사용하여 플라스틱 필름을 파렛트 화물에 감아 움직이지 않게 하는 방식

실전문제 31

다음 중 운행이 제한되는 차량의 운행을 허가하고자 할 때 차량호송 대상이 아닌 것은?

① 적재물을 포함하여 차 높이 3.6m를 초과하는 차량
② 적재물을 포함하여 길이 20m 초과인 차량
③ 주행속도 50km/h 미만인 차량
④ 구조물통과 하중계산서를 필요로 하는 중량제한 차량

해설 운행허가기관의 장은 다음 어느 하나에 해당하는 제한차량의 운행을 허가하고자 할 때, 차량의 안전운행을 위하여 고속도로순찰대와 협조하여 차량호송을 실시토록 한다. 다만, 운행자가 호송할 능력이 없거나 호송을 공사에 위탁하는 경우에는 공사가 이를 대행할 수 있다.
• 적재물을 포함하여 차폭 3.6m 또는 길이 20m를 초과하는 차량으로서 운행상 호송이 필요하다고 인정되는 경우
• 구조물통과 하중계산서를 필요로 하는 중량제한 차량
• 주행속도 50km/h 미만인 차량

정답 28 ③ 29 ② 30 ① 31 ①

실전문제 32

고압가스 운반 등의 취급에 대한 설명으로 옳지 않은 것은?

① 운반책임자와 운전자가 동시에 차량을 이탈하지 않는다.
② 운전자의 휴식 등 부득이한 경우를 제외하고 장시간 정차하지 않는다.
③ 부득이 노면이 나쁜 도로를 운행할 때에는 운행 후 충전용기의 적재상황을 재검사한다.
④ 이동 중의 재해방지를 위해 고압가스의 명칭, 성질 등 필요한 주의 사항을 기재한 서면을 운전자에게 교부한다.

해설 노면이 나쁜 도로에서는 가능한 한 운행을 하지 말고, 부득이 운행할 경우 운행 개시 전에 충전용기의 적재상황을 재검사하여 이상이 없는지를 확인한다.

실전문제 33

시간당 2회 이하 일시작업 시 성인여자 1인당 화물의 적정 무게 한도는 얼마인가?

① 5~10kg
② 10~15kg
③ 15~20kg
④ 20~25kg

해설 일시작업(시간당 2회 이하)의 경우 성인남자는 25~30kg, 성인여자는 15~20kg이 권장 기준이다.

실전문제 34

운행제한을 위반하도록 지시하거나 요구한 자에 대한 벌칙은?

① 100만원 이하의 과태료
② 300만원 이하의 과태료
③ 500만원 이하의 과태료
④ 1,000만원 이하의 과태료

해설 **500만원 이하의 과태료**
- 총중량 40톤, 축하중 10톤, 높이 4.0m, 길이 16.7m, 폭 2.5m 초과
- 운행제한을 위반하도록 지시하거나 요구한 자
- 임차한 화물적재차량이 운행제한을 위반하지 않도록 관리하지 아니한 임차인

실전문제 35

다음 중 화물의 인계요령에 대한 설명으로 옳지 않은 것은?

① 지점에 도착된 물품은 당일배송을 원칙으로 한다.
② 수하인의 부재로 배송이 곤란한 경우 집 앞에 두고 해당 사실을 연락한다.
③ 인수된 물품 중 부패성 물품에 대해서는 우선적으로 배송을 하여 손해배상 요구가 발생하지 않도록 한다.
④ 1인이 배송하기 힘든 물품의 경우 원칙적으로 집하해서는 안 되지만 도착된 물품에 대해서는 수하인에게 정중히 요청하여 같이 운반할 수 있도록 한다.

해설 수하인의 부재로 인해 배송이 곤란한 경우, 임의로 방치 또는 집안으로 무단 투거하지 말고 수하인과 통화하여 지정하는 장소에 전달하고, 수하인에게 통보한다.

실전문제 36

교통사고의 요인에 해당하지 않는 것은?

① 인적요인
② 심리요인
③ 차량요인
④ 도로요인

해설 교통사고의 요인에는 인적요인, 차량요인, 도로요인, 환경요인이 있다.

정답 32 ③ 33 ③ 34 ③ 35 ② 36 ②

실전문제 37

다음 중 포장화물 하역 시 충격에 대한 내용으로 옳지 않은 것은?

① 하역 시 충격 중 가장 큰 충격은 낙하충격이다.
② 견하역의 경우 낙하의 높이는 100cm 이상이다.
③ 요하역의 경우 낙하의 높이는 40cm 정도이다.
④ 낙하충격이 화물에 미치는 영향은 낙하 상황과 포장의 방법에 따라 다르다.

해설 요하역의 경우 낙하의 높이는 10cm 정도이다.

실전문제 38

다음 중 수작업 운반이 필요한 경우가 아닌 것은?

① 소량 취급 작업
② 취급물이 경량인 작업
③ 두뇌작업이 필요한 작업에 대한 분류
④ 취급물의 형상, 성질, 크기 등이 일정한 작업

해설 **수작업 운반작업 기준**
- 두뇌작업이 필요한 작업(분류, 판독, 검사)
- 얼마동안 시간 간격을 두고 되풀이되는 소량취급 작업
- 취급물품의 형상, 성질, 크기 등이 일정하지 않은 작업
- 취급물품이 경량물인 작업

실전문제 39

다음 중 총하중의 일부분이 견인하는 자동차에 의해서 지탱되도록 설계된 트레일러는?

① 풀 트레일러
② 세미 트레일러
③ 폴 트레일러
④ 돌리

해설
① 풀 트레일러 : 트랙터와 트레일러가 완전히 분리되어 있고 트랙터 자체도 적재함을 가지고 있다.
③ 폴 트레일러 : 장척의 적하물 자체가 트랙터와 트레일러의 연결 부분을 구성하는 구조이다.
④ 돌리 : 세미 트레일러와 조합해서 풀 트레일러로 하기 위한 견인구를 갖춘 대차를 말한다.

실전문제 40

자동차관리법령상 유형별 세부기준 중 화물자동차에 속하는 것은?

① 특수용도형
② 구난형
③ 견인형
④ 특수작업형

해설
- 화물자동차 : 일반형, 덤프형, 밴형, 특수용도형
- 특수자동차 : 견인형, 구난형, 특수작업형

실전문제 41

야간에는 주간에 비해 시야가 전조등의 범위로 한정되어 전방만을 보게 되므로 주간보다 속도를 몇 % 정도 감속하고 운행하여야 하는가?

① 40%
② 30%
③ 20%
④ 10%

해설 야간에는 시야가 전조등의 범위로 한정되어 노면과 앞차의 후미 등 전방만을 보게 되므로 주간보다 속도를 20% 정도 감속하고 운행하여야 한다.

정답 37 ③ 38 ④ 39 ② 40 ① 41 ③

실전문제 42

다음에 들어갈 숫자는?

> 사업자 또는 그 사용인이 이사화물의 일부 멸실 또는 훼손의 사실을 알면서 이를 숨기고 이사화물을 인도한 경우 사업자의 손해배상책임은 고객이 이사화물을 인도받은 날로부터 (   )간 존속한다.

① 1년
② 3년
③ 5년
④ 7년

해설 사업자 또는 그 사용인이 이사화물의 일부 멸실 또는 훼손의 사실을 알면서 이를 숨기고 이사화물을 인도한 경우 사업자의 손해배상책임은 고객이 이사화물을 인도받은 날로부터 5년간 존속한다.

실전문제 43

운전피로에 대한 설명으로 옳지 않은 것은?

① 피로의 증상은 주로 시각과 관련해서 나타난다.
② 신체적 피로와 정신적 피로를 동시에 수반한다.
③ 생활요인, 운전작업 중의 요인, 운전자 요인 등 3요인으로 구성된다.
④ 운전피로는 신체적인 부담보다 오히려 심리적 부담이 더 크다.

해설 피로의 증상은 전신에 걸쳐 나타나고 이는 대뇌의 피로 즉, 나른함과 불쾌함 등을 불러온다.

실전문제 44

수상 스키와 같은 원리로 타이어 접지면의 앞쪽에서 물의 막이 침범하여 그 압력에 의해 타이어가 노면으로부터 떨어지는 현상은?

① 수막(Hydroplaning) 현상
② 스탠딩 웨이브(Standing wave) 현상
③ 베이퍼 록(Vapour lock) 현상
④ 페이트(Fade) 현상

해설 자동차가 물이 고인 노면을 고속으로 주행할 때 타이어 홈 사이에 있는 물을 배수하는 기능이 감소되어 물의 저항에 의해 노면으로부터 떨어져 물 위를 미끄러지는 듯한 현상을 수막 현상이라고 한다.

실전문제 45

충전용기 등을 차량에 적재한 경우 운반차량 뒷면에는 일정 기준 이상의 범퍼를 설치하여야 한다. 이때 완충장치에 적합한 범퍼의 규격으로 옳은 것은?

① 두께 5mm 이상, 폭 100mm 이상
② 두께 10mm 이상, 폭 50mm 이상
③ 두께 5mm 이상, 폭 50mm 이상
④ 두께 10mm 이상, 폭 100mm 이상

해설 충전용기 등을 적재한 경우 차량의 충돌, 떨어짐, 밸브의 손상 등을 방지하기 위하여 차량의 짐받이에 로프 등을 사용하여 확실하게 묶어서 적재하여야 하며, 운반차량 뒷면에는 두께가 5mm 이상, 폭 100mm 이상의 범퍼를 설치하여야 한다.

실전문제 46

제동 시 차체 진동이 발생할 경우 적절한 조치방법이 아닌 것은?

① 앞 브레이크 드럼 연마 교환
② 허브베어링 교환
③ 타이어의 공기압 좌·우 동일하게 주입
④ 조향핸들 유격 점검

해설 ③은 주행 제동 시 차량 쏠림 현상에 대한 조치방법이다.

정답 42 ③ 43 ① 44 ① 45 ① 46 ③

실전문제 47

봄철 자동차관리에 대한 설명으로 가장 거리가 먼 것은?

① 세차장을 찾아 차체를 들어 올려 구석구석 세척한다.
② 오일의 상태에 따라 다른 오일과 혼합하여 오일 필터도 함께 교환한다.
③ 스노타이어 등 월동장비를 잘 정리해서 보관한다.
④ 자동차의 배선상태를 점검한다.

해설 오일의 상태에 따라 교환해 주거나 보충해 주어야 한다. 오일을 교환할 때는 다른 오일과 혼합하지 않고 동일 등급의 오일을 사용한다.

실전문제 48

고속도로 이용효율을 높이기 위해 차로별 통행가능 차량을 지정하고 있다. 다음 중 고속도로 편도 2차로에서 2차로를 통행할 수 있는 차종으로 옳은 것은?

① 앞지르기를 하려는 모든 자동차 및 앞지르기를 하려는 경형·소형·중형 승합자동차
② 대형 승합자동차, 화물자동차, 특수자동차
③ 모든 자동차
④ 승용차 및 경형·소형·중형 승합자동차

해설 편도 2차로의 1차로는 앞지르기를 하려는 모든 자동차, 2차로는 모든 자동차가 통행할 수 있다.

실전문제 49

운전특성에 대한 설명으로 옳지 않은 것은?

① 운전자의 정보처리과정은 매순간마다 행해지며 동시에 피드백 과정을 끊임없이 반복한다.
② 운전특성은 사람 간에 차이가 있으며 개인 내에서는 일정한 특성을 유지한다.
③ 운전자의 신체·생리적 조건에는 피로와 약물 등, 심리적 조건에는 흥미와 욕구 등이 포함된다.
④ 운전과정은 '인지 - 판단 - 조작'의 과정으로 이루어진다.

해설 운전특성은 일정하지 않고 개인차가 존재하며 개인 내에서도 신체적·심리적 상태가 항상 일정하지 않다.

실전문제 50

전방에 있는 대상물까지의 거리를 목측하는 것을 무엇이라고 하는가?

① 명순응
② 심경각
③ 심시력
④ 암순응

해설 심경각에 대한 설명으로 심시력은 심경각의 기능을 말한다. 심시력의 결함은 입체공간 측정의 결함으로 인한 교통사고를 초래할 수 있다.

실전문제 51

주행시공간의 특성으로 옳지 않은 것은?

① 속도가 빨라질수록 근경은 더욱 흐려진다.
② 속도가 빨라질수록 주시점은 가까워지고 시야는 좁아진다.
③ 고속주행로에 표지판을 크고 단순하게 설치하는 이유와 관련이 있다.
④ 속도가 빠를수록 시야가 좁아지는 것은 위험을 먼저 파악하고자 하는 운전자의 자동적 대응 과정이다.

해설 속도가 빨라질수록 주시점은 멀어지고 시야는 좁아진다.

정답 47 ② 48 ③ 49 ② 50 ② 51 ②

실전문제 52

주행 전 차체에 이상한 진동이 느껴지는 것은 어떤 부분의 고장을 가리키는가?

① 현가장치
② 팬벨트
③ 엔진의 이음
④ 엔진의 점화 장치 부분

해설 주행 전 차체에 이상한 진동이 느껴지는 것은 엔진에서의 고장이 원인이며 플러그 배선이 빠져 있거나 플러그가 나쁠 때 발생하는 현상이다.

실전문제 53

주행 중 ABS(Anti-lock Brake System) 경고등이 점등되다가 요철 부위 통과 후 계속 점등되는 경우 조치 방법으로 가장 거리가 먼 것은?

① 배선부분 불량 확인
② P.T.O 스위치 교환
③ 센서 불량 확인
④ 휠 스피드 센서 저항 측정

해설 ②는 덤프 작동 시 상승 중에 적재함이 멈추었을 때 조치방법이다.

실전문제 54

매시 50km로 커브를 도는 차량은 매시 25km로 도는 차량보다 몇 배의 원심력을 가지는가?

① 2배
② 4배
③ 0.5배
④ 동일하다

해설 원심력은 속도의 제곱에 비례하여 변한다. 위의 경우 속도는 2배에 불과하나 차를 직진시키려는 힘은 4배가 된다.

실전문제 55

적재능력 몇 톤 이하의 가스운반용차량에는 적재함에 리프트를 설치하지 않을 수 있는가?

① 0.5톤 이하
② 1톤 이하
③ 2톤 이하
④ 3톤 이하

해설 가스운반용차량의 적재함에는 리프트를 설치하여야 하지만 적재능력 1톤 이하의 차량에는 설치하지 않을 수 있다.

실전문제 56

가을철 교통사고의 특징으로 옳지 않은 것은?

① 단체여행객의 증가로 운전자의 주의력이 산만해질 수 있으므로 주의한다.
② 늦가을에 안개가 끼면 노면이 동결되기도 하는데 이때는 풋 브레이크를 사용하여야 감속한다.
③ 농기계의 빈번한 사용도 교통사고의 원인이므로 운행 시 농기계의 출현에 주의한다.
④ 경운기는 주로 고령운전자가 운전하며 후사경이 달려있지 않아 안전거리를 확보해야 한다.

해설 늦가을에 안개가 끼어 노면이 동결되는 상황에서는 엔진 브레이크를 사용하면서 감속한 다음 브레이크를 밟아야 한다. 급핸들이나 급브레이크는 삼가야 한다.

정답 52 ④ 53 ② 54 ② 55 ② 56 ②

실전문제 57

주행 중 급정거 시 반대방향으로 움직이는 것처럼 보이거나 큰 물건 중 작은 물건은 작은 물건들 가운데 있는 같은 물건보다 작아보이는 착각은?

① 크기의 착각
② 속도의 착각
③ 상반의 착각
④ 원근의 착각

상반의 착각에 대한 설명으로, 한쪽 방향의 곡선을 보고 반대 방향의 곡선을 봤을 경우 실제보다 더 구부러져 있는 것처럼 보이는 현상도 포함된다.

실전문제 58

일반구조의 승용차용 타이어가 약 몇 km/h 전후의 주행속도로 운전할 때 스탠딩 웨이브 현상이 발생하는가?

① 150km/h
② 100km/h
③ 80km/h
④ 60km/h

150km/h 전후의 주행속도에서 스탠딩 웨이브 현상이 발생하며 조건이 나쁠 때는 150km/h이하의 저속력에서도 발생하는 일이 있으므로 주의가 필요하다.

실전문제 59

자동차를 옆에서 보았을 때 차축과 연결되는 킹핀의 중심선이 약간 뒤로 기울어져 있는 것은?

① 토인(Toe-in)
② 판 스프링(Leaf spring)
③ 캠버(Camber)
④ 캐스터(Caster)

캐스터는 주행 시 앞바퀴를 진행하는 방향으로 향하게 하며 조향을 하였을 때 직진 방향으로 되돌아오려는 복원력을 주는 역할을 한다.

실전문제 60

시속 60km로 달리던 차량의 운전자가 1초 졸음운전을 하였을 경우 무의식중의 주행거리는 대략 몇 m가 되는가?

① 1.5m
② 8.7m
③ 16.7m
④ 25.4m

시속 60km로 달리던 차량의 운전자가 1초 졸음운전을 하였을 경우 무의식중의 주행거리가 약 16.7m나 되어 대형 사고의 원인이 될 수 있다.

실전문제 61

다음은 직업의 4가지 의미 중 어느 것에 해당하는가?

> 직업의 사명감과 소명의식을 갖고 정성과 정열을 쏟을 수 있는 곳이다.

① 경제적 의미
② 정신적 의미
③ 사회적 의미
④ 철학적 의미

① 경제적 의미 : 일터, 일자리, 경제적 가치를 창출하는 곳
③ 사회적 의미 : 자기가 맡은 역할을 수행하는 능력을 인정받는 곳
④ 철학적 의미 : 일한다는 인간의 기본적인 리듬을 갖는 곳

정답 57 ③ 58 ① 59 ④ 60 ③ 61 ②

실전문제 62

운전자가 다른 운전자나 보행자가 교통법규를 지키지 않거나 위험한 행동을 하더라도 대처할 수 있는 운전자세를 미리 갖추어 위험상황을 피하여 운전하는 운정방법은?

① 안전운전
② 방어운전
③ 대피운전
④ 예방운전

해설 자기 자신이 사고의 원인을 만들지 않고 사고에 말려들어 가지 않게 하는 운전, 타인의 사고를 유발하지 않는 운전을 방어운전이라고 한다.

실전문제 63

교차로 황색신호 시 안전운전에 대한 설명으로 가장 거리가 먼 것은?

① 황색신호에는 반드시 신호를 지켜 정지선에 멈춰야 한다.
② 교차로 내와 부근에 걸쳐 교차로에 무리하게 진입해서는 안 된다.
③ 교차로에 무리하게 진입하거나 통과하지 않는다.
④ 황색신호에서 교차로 진입 시 같은 방향의 차량과 부딪힐 가능성이 높다.

해설 황색신호에서 진입 시 마주 오는 차로의 차량도 황색신호에 출발할 수 있기 때문에 대형사고가 될 가능성이 높다.

실전문제 64

이면도로의 위험성과 안전운전에 대한 설명으로 옳지 않은 것은?

① 간선도로와 달리 운전을 하는 데 환경이 좋지 않아 여러 가지 위험성이 많다.
② 좁은 도로가 많이 교차하고 있다.
③ 어린이가 갑자기 뛰어들 수 있으므로 항상 위험을 대비하며 운전한다.
④ 도로의 폭이 좁으나 보도 등 안전시설이 갖추어져 있다.

해설 도로의 폭이 좁고 보도 등의 안전시설이 없다.

실전문제 65

커브길에서의 안전운전 및 방어운전으로 옳지 않은 것은?

① 상대방 차를 배려하여 경음기는 최대한 자제하고 전조등을 이용하여 내 차의 존재를 알린다.
② 핸들을 조작할 때는 가속이나 감속은 하지 않는다.
③ 커브길에서 앞지르기는 안전표지가 없더라도 절대로 하여서는 안 된다.
④ 겨울철에는 노면에 빙판이 있을 수 있으므로 사전에 조심하여 운전한다.

해설 주간에는 경음기, 야간에는 전조등을 사용하여 내 차의 존재를 알린다.

실전문제 66

다음 중 과적차량 제한 사유와 거리가 가장 먼 것은?

① 핸들 조작의 어려움
② 운전자의 불안정한 심리
③ 고속도로의 포장균열
④ 저속주행으로 인한 교통소통 지장

해설 운전자의 심리상태는 과적차량 제한 사유에 포함되지 않는다.

정답 62 ② 63 ④ 64 ④ 65 ① 66 ②

실전문제 67

다음 중 생산과 소비와의 시간적 차이를 조정하여 시간적 효용을 창출하는 물류의 기능은?

① 운송기능
② 포장기능
③ 정보기능
④ 보관기능

해설 물품을 창고 등의 보관시설에 보관하는 활동으로 시간적 효용을 창출한다.
① 운송기능 : 물품을 공간적으로 이동시키는 것으로 장소적(공간적) 효용을 창출한다.
② 포장기능 : 물품의 가치 및 상태를 유지하기 위해 적절한 재료를 이용해 포장하여 보호하고자 하는 활동이다.
③ 정보기능 : 물류정보를 전자적 수단으로 연결하여 줌으로써 종합적인 물류관리의 효율화를 도모한다.

실전문제 68

직업 운전자의 고객응대 예절과 관련하여 집하 시 행동방법으로 옳지 않은 것은?

① 인사와 함께 밝은 표정으로 정중히 두 손으로 화물을 받는다.
② 택배운임표를 고객에게 제시 후 운임을 수령한다.
③ 2개 이상 결박화물의 경우 따로 분리 집하한다.
④ 송하인용 운송장을 절취하여 고객에게 두 손으로 건네준다.

해설 2개 이상의 화물은 반드시 분리 집하하지만 결박화물의 경우 집하를 금지한다.

실전문제 69

공동 배송의 장점으로 옳지 않은 것은?

① 배송순서의 조절이 쉬워진다.
② 안정된 수송시장을 확보할 수 있다.
③ 적재효율 향상에 효과가 있다.
④ 차량 및 기사의 효율적인 활용이 가능하다.

해설 공동 배송의 장·단점

장점	단점
• 수송효율 향상(적재효율, 회전율 향상)	• 외부 운송업체의 운임덤핑에 대처 곤란
• 소량화물 혼적으로 규모의 경제효과	• 배송순서의 조절이 어려움
• 차량, 기사의 효율적 활용	• 출하시간 집중
• 안정된 수송시장 확보	• 물량파악이 어려움
• 네트워크의 경제효과	• 제조업체의 산재에 따른 문제
• 교통혼잡 완화	• 종업원 교육, 훈련에 시간 및 경비 소요
• 환경오염 방지	

실전문제 70

국민경제적 관점에서 물류의 역할로 옳지 않은 것은?

① 기업의 유통효율 향상으로 물류비를 절감하여 소비자물가가 도매물가의 상승을 억제한다.
② 사회간접자본의 증강과 각종 설비투자의 필요성을 증대시켜 투자기회를 부여한다.
③ 지역 및 사회개발을 위한 물류개선은 인구의 지역적 편중을 막고, 도시생활자의 생활환경개선에 이바지한다.
④ 최소의 비용으로 소비자를 만족시켜 서비스의 질이 향상되고 이로 인한 매출신장을 도모한다.

해설 ④는 개별기업적 관점에서의 물류의 역할이다.

정답 67 ④ 68 ③ 69 ① 70 ④

실전문제 71

다음 중 3S 1L 원칙에 해당하지 않는 것은?

① 신속하게(Speedy)
② 안전하게(Security)
③ 확실하게(Surely)
④ 저렴하게(Low)

해설 3S 1L 원칙에서 3S는 신속하게(Speedy), 안전하게(Safety), 확실하게(Surely)이다.

실전문제 72

다음 중 물류전략의 8가지 핵심영역 중 창고설계 · 운영 및 수송 · 자재관리에 해당되는 것은?

① 전략수립
② 구조설계
③ 기능정립
④ 실행

해설
① 전략수립 : 고객서비스 수준 결정
② 구조설계 : 공급망설계, 로지스틱스 네트워크전략 구축
④ 실행 : 정보 · 기술관리, 조직 · 변화관리

실전문제 73

제3자 물류에 의한 물류혁신 기대 효과로 볼 수 없는 것은?

① 물류산업의 합리화에 의한 저물류비 구조를 혁신
② 고품질 물류서비스의 제공으로 제조업체의 경쟁력 강화 지원
③ 종합물류 서비스의 활성화
④ 공급망관리(SCM) 도입 · 확산의 촉진

해설 제3자 물류서비스의 개선 및 확충으로 물류산업의 수요기반이 확대될수록 물류시설에 대한 고정투자비 부담의 감소로 규모의 경제효과를 얻을 수 있어 물류산업의 합리화가 촉진될 것이다. 즉 물류산업의 합리화에 의한 고물류비 구조를 혁신하는 효과를 기대할 수 있다.

실전문제 74

택배운송서비스에 대한 내용으로 잘못된 것은?

① 설치 요구 등 과도한 서비스 요청 시에는 정중히 거절한다.
② 수하인이 부재중인 경우 외에는 대리 인계를 절대 해서는 안 된다.
③ 화물에 약간의 문제가 있는 경우 잘 설명하여 이용하도록 한다.
④ 고객의 부재 시 방문시간, 송하인, 화물명 등이 기록된 부재안내표를 문 밖의 잘 보이는 곳에 부착한다.

해설 고객의 부재 시 부재안내표를 기록하여 문 안에 투입한다. 문 밖에 부착하는 것은 절대로 금지한다.

실전문제 75

두 개의 정책목표 가운데 하나를 달성하려고 하면 다른 목표의 달성이 늦어지거나 희생되는 경우 양자 간의 관계를 의미하는 물류관리 용어는?

① 트레이드 온
② 트레이드 오프
③ 트레이드 인
④ 트레이드 아웃

해설 주어진 설명은 트레이드 오프(trade-off)라고 하며, 고객서비스 수준 향상과 물류비의 감소가 그 예이다.

정답 71 ② 72 ③ 73 ① 74 ④ 75 ②

실전문제 76

수·배송활동의 각 단계 중 배차 수배, 발송정보 착하지에의 연락 등의 기능에 해당되는 것은?

① 계획
② 실시
③ 통제
④ 이행

해설 실시는 배차 수배, 화물적재 지시, 배송 지시, 발송정보 착하지에의 연락, 반송화물 정보관리, 화물의 추적 파악 등의 기능을 한다.

실전문제 77

다음 중 자가용 트럭운송의 단점이 아닌 것은?

① 시스템의 일관성이 없다.
② 인적 투자가 필요하다.
③ 사용하는 차량에 한계가 있다.
④ 수요증감에 대응하기 어렵다.

해설 ①은 사업용(영업용) 트럭운송의 단점이다.

실전문제 78

선박 및 철도와 비교한 화물자동차 운송의 특징으로 옳지 않은 것은?

① 운송단위가 소량이다.
② 신속하고 정확한 문전운송이 가능하다.
③ 다양한 고객의 요구를 수용할 수 없다.
④ 원활한 기동성과 신속한 수·배송이 가능하다.

해설 **선박 및 철도와 비교한 화물자동차 운송의 특징**
- 원활한 기동성과 신속한 수배송
- 신속하고 정확한 문전운송
- 다양한 고객요구 수용
- 운송단위가 소량
- 에너지 다소비형의 운송기관

실전문제 79

제4자 물류에 대한 설명으로 옳지 않은 것은?

① 제3자 물류의 기능에 컨설팅 업무를 추가 수행하는 것이다.
② 제4자 물류의 핵심은 외부의 전문물류업체에 물류업무를 아웃소싱하는 것이다.
③ 공급자는 광범위한 공급망의 조직을 관리하고, 능력, 정보기술 등을 관리하는 공급망 통합자이다.
④ 다양한 조직들의 효과적인 연결을 목적으로 하는 통합체로서 공급망의 모든 활동과 계획 관리를 전담하는 것이다.

해설 제4자 물류의 핵심은 고객에게 제공되는 서비스를 극대화하는 것이다.

실전문제 80

생산·유통관련업자가 전략적으로 제휴하여 소비자의 선호 등을 즉시 파악하여 시장변화에 신속하게 대응할 수 있는 기법은?

① TQC
② TPL
③ QR
④ TRS

해설 신속대응(QR)에 대한 내용으로 시장에 적합한 상품을 적시에, 적소에, 적당한 가격으로 제공하는 것을 원칙으로 하고 있다.
① TQC : 전사적 품질관리
② TPL : 제3자 물류
④ TRS : 주파수 공용통신

정답 76 ② 77 ① 78 ③ 79 ② 80 ③

MEMO

MEMO

MEMO

MEMO

화물운송종사자격시험 3일만에 끝내기 8절

[핵심이론＋핵심문제＋실전모의고사]

발행일 | 2015. 10. 10 초판발행
2020. 5. 25 개정 1판1쇄
2021. 3. 10 개정 2판1쇄

저 자 | 교통자격시험연구회
발행인 | 정용수
발행처 | 예문사

주 소 | 경기도 파주시 직지길 460(출판도시) 도서출판 예문사
TEL | 031) 955-0550
FAX | 031) 955-0660
등록번호 | 11-76호

- 이 책의 어느 부분도 저작권자나 발행인의 승인 없이 무단복제하여 이용할 수 없습니다.
- 파본 및 낙장은 구입하신 서점에서 교환하여 드립니다.
- 예문사 홈페이지 http://www.yeamoonsa.com

정가 : 12,000원

ISBN 978-89-274-3858-8 [13550]